曲家琰◎著

做一个有知性
有才情的
气质女人

北方联合出版传媒（集团）股份有限公司

万卷出版公司

图书在版编目（CIP）数据

做一个有知性　有才情的气质女人／曲家琰著．——
沈阳：万卷出版公司，2021.11
ISBN 978-7-5470-5724-7

Ⅰ．①做… Ⅱ．①曲… Ⅲ．①女性－修养－通俗读物
Ⅳ．① B825.5-49

中国版本图书馆 CIP 数据核字 (2021) 第 169390 号

出 品 人：王维良
出版发行：北方联合出版传媒（集团）股份有限公司
　　　　　万卷出版公司
　　　　　（地址：沈阳市和平区十一纬路 25 号　邮编：110003）
印 刷 者：永清县晔盛亚胶印有限公司
经 销 者：全国新书华店
幅面尺寸：145mm×210mm
字　　数：120 千字
印　　张：7
出版时间：2021 年 11 月第 1 版
印刷时间：2021 年 11 月第 1 次印刷
责任编辑：范　娇
责任校对：张兰华
ISBN 978-7-5470-5724-7
定　　价：38.00 元
联系电话：024-23284442

前　言

　　女人如花，如花的女人应保持如花的容颜，如花的才情，如花的品质。因为当岁月流逝，容颜老去，伴随一生的只剩下内在的素养和气质。

　　如何做一个气质美女呢？得体的发式、淡雅的妆容、适中的身材、端正的步态、优雅的姿势、宜人的举止、悦耳的声音、动听的语言、知性的服饰等，这些都能凸显你的气质。然而，真正经年不衰的气质，还是源自女人的知性和才情。

　　有才情的女人气质优雅，睿智豁达，待人接物落落大方；有才情的女人时尚靓丽，令人赏心悦目，是职场中一道亮丽的风景；有才情的女人聪明能干，朴实无华，她们既懂得尊重别人，同时也爱惜自己；有才情的女人积极进取，乐观向上，为人处世外柔内刚。

一个真正有才情的女人是灵性与弹性的结合，她们既有知识女性的大气，又有平凡女人的温婉；既有职场女性的干练，又有普通女人的细腻。

现代女子，当以知性为美，知性女子心性如花，雅俗共赏；品性如木，兼修内外。这样的女子，好比静栖一处的花朵，于不经意间绽放，或如兰花，娴静儒雅，幽香淡放；或如玫瑰，热情娇艳，迷人多姿。

林清玄说，三流的化妆是脸上的化妆，二流的化妆是精神的化妆，一流的化妆是生命的化妆。女人的内在美才是女人最长久的魅力，好的内在气质能让女人变得格外动人美丽。无论岁月如何，那份独特的气质永远不会消失。

气质的养成也绝非朝夕之功，它是能力、知识、阅历、情感、生活的一种综合实力的外在表现。一个有气质的女人懂得不断丰富自己的学识，修炼自己的人格，提高自己的文化内涵，久而久之，哪怕是她的一个眼神、一个手势，都会自然而然地流露出迷人的风韵。

这是一本有助于培养女人气质的书，打开它——今天，也许你还是路边一棵不起眼的小草，而明天，你注定会成为花园中的一朵奇葩，在你周围会有更多的欣赏者；打开它——你会成为星河中那颗最耀眼的明星，让所有的人为你而倾倒。

目 录

第三章　有修养的女子，魅力四处飘

第四章　相信自己，让淡定和优雅由内绽放

第五章　好学不倦，把时光用在美好的事物上

第六章　独立有主见，不依附任何人

第七章　坚守个性，内心强大到做自己

第八章　靠脸只能美一时，智慧才能美一世

第九章　不妥协不将就，为自己而活

第十章　宠辱不惊，
以优雅的姿态走过生命的悲喜

第一章
美丽有质，唯有知性能打败岁月

知性女人，就像一块开琢的璞玉，经过时光的细细打磨，越发显得晶莹、圆熟，让你时时感到美丽绵延无绝期，青春辗转无尽头。知性，在青睐女人的同时，也被女人吸纳，令女人独具内蕴，呈现完美。

1. 女人要有自己的知性美

知性，是指主体自我对感性对象进行思维，把特殊的、没有联系的感性对象加以综合，并且联结成为有规律的自然科学知识的一种先天的认识能力。简单地说，知性就是内在的文化涵养自然透出的气质。

知性女人，就是知书达理、知情识趣、人情练达、洞悉世事，既有灵性也有弹性的女人。事业上，她们通常都有很好的发展，但又不同于世俗意义的女强人。她们充满知性的柔和魅力，上得厅堂，也下得厨房，感情丰富，极具女人味，清楚自己需要什么。她们谈不上饱读诗书，但书一定是她们最好的伙伴、精神的食粮，因为这样的女子才有内涵。生活中，她们有自己的主见和态度，为人处世面面俱到。她们懂得在这世俗的世界为自己留一片纯净的天空，快乐时像个天使，哭泣时像个孩子。她们不同于小女孩式的单纯，也不同于小女人式的狭隘。她们温柔却又不失活泼，也会偶尔小资，乘兴而来，兴尽而归。尤其是那份仿佛置身世外的闲情逸致，在繁华与沧桑间更能撩人心弦。无需羞花闭月之容貌、语出惊人之博学，知性女子的美由内而外。

知性除了标志一个女人所受的教育以外，还有一层更深刻的意义，即女人特有的一种气质，它源于女人所受的教育和环境。

当代著名作家毕淑敏说："知性女人必读书。读书的女人较少持续地沉沦悲苦，因为晓得天外有天、乾坤很大；较少无望地孤独惆怅，因为书是她们招之即来、永远不倦的朋友；较少怨天尤人、孤芳自赏，因为书让她牢记自己只是沧海一粟沙粒……"书能让女人收获思想，收获人生感悟，从而从容地洞悉世界。知性女人因知识的沉淀而拥有一种不过时的美丽。

知性女人大都过了而立之年，她们也许看起来不惊艳，也不华丽，但她们优雅、睿智、温和而真实。经得多了，见得广了，由内而外的韵致与婉约便从她们的言语、动作、文字中渗透出来，让人感到内敛而饱满。

有人这样诠释知性女人：隐约的奢华，明净的幽雅，静谧的吸引。知性女人感性却不张狂，典雅却不孤傲，内敛却不失风趣；知性女人自信、大度、聪明、睿智。知性的女人，说话稳重，谈吐不俗，堪称"女中豪杰"。

知性女人就像一句广告语所说的：有内涵，有主张。她有灵性，而且"智勇双全"。她可以无视岁月对容貌的侵蚀，但绝不束手就擒。她可以与魔鬼身材、轻盈体态相差甚远，但她懂得用智慧的头脑把自己打扮得精致而品位高尚。

知性女人是有知识、有品位、有女性情怀的美丽女人。她们兴趣广泛、精力充沛、重视健康、珍爱生命、独立进取，努力追求自我价值的实现。她们像田野清新的花，不是为了赞美和飞舞不定的蜂和蝶而开放，而是为了平平静静地萌芽、生长和绽放。

知性女人是灵性与弹性的结合，她们经历了一些人生的风雨，因而也懂得包容与期待。高雅的知性女人像一杯慢慢品味的清茶，散发着感性的魅力。做一个知性女人，那是一种涵养、一种学识、一种花样魅力的气息，由内而外散发出来。时间在她身上只是弹了一个巧妙而圆润的跳音，将她出落得更加可爱。知性女人热爱生活、热爱世界，犹如一棵草绿了大地、一滴水润了绿芽。这种美丽还在于恬静，不为外界的诱惑所动，任风生水起，依然和煦淡远。

一个真正"知性"的女人，不仅能征服男人，也能征服女人。因为她身上既有人格的魅力，又有女性的吸引力，更有感知的影响力。知性女人的优雅举止赏心悦目，待人接物落落大方，她用身体语言告诉你，她是一个时尚的、得体的、尊重别人、爱惜自己的优秀白领。她的女性魅力和她的处世能力一样令人刮目相看。

知性，让女人变得更加从容、更加美丽，也更加有魅力！

2. 有品位的女人魅力无穷

女人的品位，如百花园中的鲜花，有的浓郁强烈，有的清幽淡雅，关键不在于你属于哪种香型，而在于你的内在气质与修养。

感悟品位，就像感悟蒙娜丽莎的微笑一样，优雅与幽默是一种恒久的时尚。从一个人优雅的举止里可以看到一种文化教养，让人赏心悦目；从一个人的幽默中可以品味出一种独特的机智，让人开怀大笑。

女人优雅之树的根要深扎在文化与经济的沃土里才枝繁叶茂；女人幽默之铃要挂在浪漫的马车上才更有悦耳的叮咚。

当优雅成为一种自然的气质时，这个女人一定显得成熟、温柔；当幽默代表你的性格时，这个女人便暗含着一种对世俗的抗争。

优雅需要一种环境，幽默需要一种意境。时髦，可以追可以赶，可以花大钱去"入流"；而优雅和幽默却是模仿不来、着急不得的事。优雅的女人像一口井，并不是男人看一眼就能一目了然的，她会给男人留下无穷的想象空间。而女人的幽默又像一眼泉，智慧之水在涌动中展示充分的人格魅力，散发着令人仰慕的内在品位。在生活中，女人多一些优雅、多一些幽默，实在是人生中的崇高境界。

随着社会的不断进步，人们的受教育程度越来越高，在我们身边正越来越多地聚集着一个崭新的亮丽群体——知识女性群。她们丰厚的学识、高雅的气质、独特的风采正吸引着人们的注视。而作为这一族的你，是否正在努力经营着自己的美丽呢？那么让我们一起来说说关于这一族的美丽话题吧！

一位知识女性无论从事什么职业、无论身份、地位如何，无论是否富有，她的着装都会以简洁的造型、精良的面料、精致的工艺来凸显她优雅的气质和迷人的风度。假如她穿得太夸张、太炫耀、太矫揉造作，一定会被认为是缺乏文化教养的暴发户。因为，许多女性喜欢穿华丽的衣装，想借此吸引男人的目光，也想换得所有女人的羡慕，她们往往害怕摘掉满身的金银首饰和衣服上的花哨，认为失去这些会失去安全感，但是对于有自信心的知识女性来说，她们靠的是内在的修养与功力，这需要有足够的文化底蕴和艺术鉴赏力做储备，需要有善良温柔的心态和从容的气质做内蓄。因而知识女性的着装更含蓄、更典雅、更端庄。由此她的美也会显得更持久、更耐人寻味。有悠久历史文化的中国盛赞这种美为"淑美"，西方社会则将其当作代表上流社会的文化涵养和高贵气质。

知识女性是一个有文化、有知识、有专长，同时也有相当的社会地位的职业群体，她们担当的角色令人羡慕，良好的文化修养及高品位的审美能力使她们的衣装明显地区别于一般女性。知识女性由于大多数时间处在工作环境，多穿有工作性质的制服。不过在业余时间她们也比较热衷流行的服装及个性的表达。由于她们平时广泛地接触社会人士，所以具有较深的社会意识，极注意自己的为人礼貌，且30—40岁的知识女性一般都有相当的购买力，她们宁可花高价购买时髦的、精致的、有一定品位的高档衣服，也不愿购买廉价的低质衣服，因为她们更期望通过自己的着装打扮来体现自身的社会地位。其次，如果在居家休闲的环境中，她们则更喜欢穿稍宽松的休闲服，舒适自然的棉、麻、丝、毛材料，再配以和谐的色彩，以贤淑、温柔的气质和个性，留给人一种优雅的风情。再则，从心态上来讲，她们对入时的样式应该说基本上是持比较开放的态度。

通常女性着装具有双重性，作为社会的一员，既有符合群体的要求，又有不落俗套、有别于他人的需求。所以选择服装的思想意识和穿着行为方面不仅与所属社会群体、人际关系有关，而且与年龄、职业、生活环境等因素密切相关。对于知识女性来说，朴素和雅致是她们着装的总体特征。法国诗人、作家让·科克托说："雅致——是不引起惊讶的艺术。"而朴素是典雅的本质，和谐是雅致的特点。

着装的选择间接地反映了她们在职业方面的成功，并且着装从某种意义上讲有利于职业的成功，对于这一点知识女性肯定会比一般人有更深的体会。

女性比男性更爱美，更热爱生活，更注重打扮自己。任何人在社会中都存在着公共性和私密性两种不同空间的生活，女性对此具有一种天生的敏感并善加利用，或许女性更懂得生活？而从个体的审美趣味来看，每个人可能都有着独特的爱好和情感倾向性。知识女性更懂得如何利用自己的智慧和才能使自己成为一个风情万种、有个性、有魅力的女人，因为邋遢的、没有情趣的女人是没有吸引力的，更谈不上给人以美的感受。因此，知识女性的着装有自己的独特的个性和特点。她们往往注重与年龄、职业、性格、场合的协调与搭配，并且她们在服装饰物的选择和搭配中更注重完美与和谐，哪怕是小小的细节她们都不会轻易放过，而一定会细细品味，直到做得恰到好处。

在日常生活中，她们更多地会透过服饰的色泽、样式来突出自己的审美个性与生活习惯，同时她们在着装时，也会比较慎重地考虑个人年龄和个性与季节、职业、环境等各方面特点的和谐互动。

事实上，着装色彩和式样的选择就是穿着者个性特点的最鲜明的体现，但华丽的服装只能装饰自身，绝不能装饰自己的行为，要使自己的行为美好，就需要不断加强道德修养。

3. 有内涵的女人气场强大

白居易曾说过："动人心者，先乎于情。"炽热真诚的情感能使"快者掀髯，愤者扼腕，悲者掩泣，羡者色飞"。

如今的社会，由于经济条件的改善，美女是越来越多了，所谓"十步之内，必有芳草"。走在大街上，你会发现漂亮的女孩比比皆是：时尚前卫的、清新可人的、温柔善良的……每个女孩都有她动人的一面。但是，光从外表判定一个女人的美丽与否，未免太肤浅了一些。也许外貌的出众会给你一瞬间的冲击，但相处久了你就会发现，一个女人的内涵远比外表更重要。

在现实生活中，很多女人只注意穿着打扮，并不注重内在气质的修炼。诚然，美丽的容貌、时髦的服饰、精心的打扮，都能给人以美感。但是这种外表的美总是肤浅而短暂的，如同天上的流星，转瞬即逝。而气质给人的美感是不受年纪、服饰和打扮局限的。一个女人的真正魅力主要在于特有的气质，这种气质对同性和异性都有吸引力。这是一种内在的人格魅力。

的确，一个有学识、有品位、有内涵、有修养、有气质的女性是一个精品女人，这样的女人即使不算漂亮，走到哪里都是一道亮丽的风景，也是最令人难以忘怀的风景，定会魅力四射，光芒万丈，且永不失落。精品女人如书，应该是一本精装书，内容与形式俱佳，她丰富的内涵让人手不释卷，掩卷后仍荡气回肠，以至倾心珍藏，也会让想读懂她的人，心甘情愿用一生去研读她。总的说来，有内涵的女人至少具有以下几点：

有内涵的女人具有自强不息的进取精神。中国女排的姑娘们为了给祖国争光，甘愿付出和奉献，她们自信、自强、不怕挫折和失败。她们把宝贵的自强精神和献身精神浓缩在竞技场上，印刻在长期的奋斗历程中，书写在一个个金光闪闪的奖杯上。因为训练的繁忙，或许她们疏于打扮，无暇顾及自己的外在"美丽"，虽然岁月的痕迹已悄悄爬上额头，但她们的智慧、自信、热情和激情却带不走，岁月带给她们的是内心的丰富、精致，带给我们的是力量和鼓舞。

有内涵的女人具有健康的心灵、坚定的品格意志。

郭晖曾经是一个普通的女孩，但在她11岁那年，因为医生误诊导致高位截瘫。以臂为半径，郭晖的世界只有两平方米，她只能仰躺在床上，不能侧身、不能翻身，更不能坐起来。但她仍然坚信"天生我材必有用""前途是自己创造出来的"，她把生命的所有光亮全部聚集到了一个焦点上。精诚所至，金石为开，一扇扇沉重的大门在她面前打开了。小学未毕业的她依靠自学，最终成为北京大学百年历史上第一个残疾人女博士。由于某些原因，郭晖外表不是一个很美的女人，但她对知识的执着与向往，却让她的内心充满了美丽与自豪，让许多人为她而感动。

女人并不仅仅靠美丽的外貌才称得上美，只要面对人生激流中的暗礁与险滩，自己能够奋勇搏击，不懈努力；面对挫折和失败，自己能够坚强地站起来，用特有的毅力、勇气和智慧扬起自信的风帆；面对名利和诱惑，自己能够淡定和从容；面对信息社会的挑战，自己能够不断地学习、充实、提高，以博学多才丰富自己的内涵，以诚实劳动、不凡的业绩来证明自己存在的价值，那么她才可称得上是一个真正美丽的女人！

有内涵的女人如同一棵枝叶繁茂的梧桐，人们首先看到的部分就如它的枝叶一样感性抢眼，它把女人优雅多姿、丰富饱满的韵味展露无遗，而看不到的内在就如树的根一样错亘盘横，支撑叶脉。假如没有内涵，树叶无法繁茂。所以，女人只有拥有内涵美，才是真的美！

内涵是女人美丽不可缺少的养分，是充满自信的干练，是情感丰盈的独立，是在得到与失去之间心理的平衡。

内涵将使女人在一生中都散发出无穷的魅力。它是你一生取之不尽的巨大财富，也是伴随你一生永远亮丽的风景线。

没有哪个女人不想成为有内涵的女人，而许多人又常苦于找不到秘诀，或抱怨缺乏应有的条件而信心不足。

内涵，真的难做到吗？其实，做有内涵的女人并不难，不需要很高的条件，秘诀是从身边的小事做起。没有过度的装饰，也不流于简单随便，坚持独立与自信、热情与上进。由中国红变成亮眼蓝的靳羽西曾言：快乐就是成功。她说人在可以站着的时候，就一定要坚持站着，而且还要保持着漂亮的样子，这是对自己的尊重，也是对别人的尊重。女人始终要保持自己的优雅。

内涵是一种感觉，这种感觉更多地来源于丰富的内心，智慧、博爱，还有理性与感性的完美结合。

有内涵的女人是智慧的女人。智慧是女人永恒的魅力和性感，容颜无法与岁月抗争。女人可以不美丽，但不能没有内涵。唯有内涵能赋予美丽灵魂，唯有内涵能使美丽常驻，唯有内涵能使美丽得到质的升华，唯有内涵可以让女人一辈子都细细"品味"。

4. 在静默中徜徉的女人

通常在静默和独处时，女人最能享受到意义非凡的品位。静默能滋养灵魂，治愈心中的创伤。就像古人所说："修身者，智之符也，静以修身，俭以养德，非淡泊无以明志，非宁静无以致远。身安不如心安，心宽强如屋宽。"

独自在篝火旁静默一夜，沉思默想，是祖先们领受独处的方式。然而在现代，科技夺去了我们独处和静默的机会。要找一个真正安静的地方是愈来愈难了，就连深山里或沙漠中的宁静都已不易得到：波音客机定时隆隆地划空而去；开足音乐音量的汽车不时呼啸而过。57亿人住在这个地球上，想要彻底地独处太难了。

我们大多数人的生活里都少有静默的时刻。回想一下，扣除你的睡眠时间，上一回能让你静下来一个钟头以上的时间，是什么时候？通常，你是在定时启动的收音机声中起床，在整装、吃早饭的同时看电视新闻，开车上班的路上听晨间节目，中饭大多在嘈杂不堪的餐厅里解决……一天就是这样度过的。我们已经习惯了没有静默的生活，以致面对静默时，会变得手足无措。

　　在静默中徜徉，一如在海洋上航行，都是一种技巧，需要学习。练习得愈多，技巧愈纯熟。首先，让自己的心静下来，放弃所有平常的思考模式，其实让心静下来的方式也有很多种，任何一种静坐的技巧和呼吸的练习，你都可以尝试。花点时间，找到最适合你的方式。毕竟，若是驾你不喜欢的船，你是不会愿意经常出海的。

　　学着走进自己的内心也是一样的道理。起初，似乎没有什么特别的感觉，你好像只是坐在那儿静静地练习吐纳或打坐；但是过不了多久，你就会懂得拾到那些细微的、无声的情感，它们其实一直都在那儿，躲在每天纷扰不堪的思绪底下。

　　以下还有一些帮助你在品味生活当中，拥有更多宁静时光的简单易行的方法：

　　（1）开车时不要开收音机

　　车子是一个很棒的活动式静坐中心，在车子里，不会有外界干扰，你也不能随意起身走动。这时你可以掏空自己的思绪，只接收来自心底的声音。常在长途开车的时候保持静默，尤其是开车出城去旅行，静默常会带来美好的感受，往往还没开到目的地，一些思索了很久的问题便已得到答案或找到正确的方向了。

　　让你的车子成为你的圣地，单独开车的时候，尽可能保持安静，或只是听听轻柔温和、没有歌词的轻音乐。眼睛注意路况，耳朵则可以用来倾听发自心底的声音。

　　（2）在烛光下或炉火边静静地坐着

　　在壁炉里升火，或在餐桌或书桌旁点亮几支蜡烛，让自己尽量靠近火光，关掉电灯，电视和收音机也都关掉，免得有干扰；

你就坐下来，看着火焰，听听木柴在火上爆裂的噼啪声，或欣赏蜡烛熔化后滴凝成的"眼泪"。想象这火光照亮了你心底最幽暗、最隐秘的地方，看看你能瞧见些什么。即便什么也没看见，仅仅享受这片刻的宁静也好。

（3）和你爱的人静静地散步

这是你们分享静默的一种方式。找个令人愉快的地方散散步，愈安静的地方愈好。要手牵着手，感受对方脚步的节奏和对方双手的温暖；用心去看，用心去感觉，你会发现你们的心正在对话呢！

5. 修炼女人味，做幸福女人

现实生活中，当精明干练的"男人婆"充斥在我们周围的时候，男人们却开始振臂高呼：我们要十足的"女人味"！什么是女人味？究竟怎样做一个有女人味的好女人？说到底，女人味是女人所独有的、外在的、内在的东西，它是一种无形的力量，传递着女人的气息。它是能够使女人的内涵变得更具体、更外在、更深邃的一种风韵和气质。在现代社会，由于社会的不断进步，大家对女人的要求越来越高，所以人们感叹：做人难，做女人更难，做有品位的女人难上加难！

其实，女人味就是女人从骨子里散发出来的一种极具魅力的味道，这种味道十分神秘，充满诱惑，没有定式，没有形状，它会在空气中缓缓地、慢慢地萦绕绽放，就像一股挡不住的春风向男人扑面而来，如果一个男人说一个女人有女人味，这三个字实际上暗含了一种赞美。女人味是一种韵味，所代表的不仅仅是成熟、温柔、善良、爱心、美丽、智慧，还有娇媚和性感等。

在现代社会中，我们也经常听到很多男士或者女士说某位女性非常有味道，而这种味道也就是女人味。的确，无论在男人还是女人的心目中，有味道的女人都是让人赏心悦目的一道亮丽风景线。在男人的眼中，一个女人可以不漂亮，但不可以没有女人味。的确，漂亮和女人味是两种完全不同的概念，虽然看到漂亮的女人，男人总是会多看几眼，但男人的动作也只会局限在这里。但是一个有味道的女人却会让男人感觉像喝一杯味道独特的茶一样，使其回味无穷。所以，做女人要让自己保持一点味道，保持一点自然的风韵和魅力。

当然，当今大多数女人都将女人味作为自己做女人的基础。但仍然也有很多女人被来自四面八方的人指责为缺少女人味。比如，那些女强人，当她们被指责缺少女人味时，她们总是会感觉到十分惭愧，而且受到的压力也很大。在这种压力下，她们试图用各种各样的方式来证明自己具有女人味，并且自己不比任何女人差，她们拼命让自己做一个使孩子满意的"好母亲"，使丈夫满意的"好妻子"，使婆婆满意的"好儿媳"。再如，一些已经结婚生子的女性，当她们生完小孩后，似乎在她们的生活范围中，只有孩子、老公、家务，其他的一切好像都化为乌有，每天蓬头垢面，任无情的皱纹爬上自己的脸颊，任皮肤每天一点点地发黄龟裂，任身材无限制地肥胖……她们都无视这些，这样的女性是可悲的，她们忘记了自己身上的魅力所在——女人味。因此，当下的女人不要再一味地做自己心目中的女强人，也不要做家庭中的"全职保姆"，要秀出自己的女人味。

在这里，女性朋友们不妨尝试以下几种方法修炼女人味：

第一，显露一点你的羞态。害羞是女人增加情调的秘密武器，害羞的表情出现得适时而又恰如其分，便会成为一种妩媚的姿态，这是一种女性的柔美。但这种羞态的释放也要得体，切勿让人对你产生放荡的想法。

第二，用知识武装自己。一个懂得知识重要性，并懂得用知识来提高自己的女人才可以称得上是一个有味道的女人，女人不要总是依赖自己的丈夫，把自己全部精力都放在家庭上。一个有味道的女人，她首先应该让自己有独立的空间，然后再把一部分的时间给予家庭，这样的女人才更有女人味。

第三，学会宽容。一个宽容的女人会使男人感到你宽广的胸怀，更让男人看到你智慧的一面。一遇事就大喊大叫、暴跳如雷的女人会让男人对你生厌，甚至会让男人觉得你很可笑。所以宽容的女人才会让男人发现她的魅力，才会受人尊重，才会更有魅力。

第四，适度裸露。女人关键部位露得太多，会被误认为是"暴露狂"、不正经。所以如何露得恰如其分是一门学问。对颈部有自信的女人，穿"V"字领的衣服，再搭配以金项链，能衬托美丽的颈线；对肩部有自信的人，不妨穿着削肩、直筒型的服饰；如果担心肩露太多，不妨缀缝一些花边；对胸部有自信的人，可以多解开一个衬衫的纽扣，穿透明衬衫搭配同色系的花边胸罩。对大腿有自信的人，宜穿迷你裙。若穿长裙的话，宜露出足踝。

第五，培养你的神秘感。把自己塑造成带点神秘感的形象，让他人觉得你永远是个谜，是一本百读不厌的书。

第二章

柔情似水，
温柔比美丽更可爱

　　女人的温柔是美德，一种足以让男人一见钟情、忠贞不渝的魅力。温柔的女人走到哪儿都会受欢迎，她们像绵绵细雨，润物细无声，给人一种温馨柔美的感觉，令人内心赞佩、回味无穷。

1. 温柔是女人的修养目标

在生活中，一个女人，不重视自己的个人修养，总是蛮横无理，眼里只有自己，没有别人，不懂得尊重别人，在与人相处时，总是斤斤计较，咄咄逼人，在和爱人相处时，总是以自己为中心，常颐指气使；这样的女人，不仅会让别人感到厌烦，还会让自己的爱人对其唯恐避之不及。

女人若是不想看到这样的结果，就要懂得自省，要知道善待自己身边的人，尤其是善待自己的家人与爱人，才会受到欢迎，女人的生活质量才会不断提升。其实，温柔，是一个女人最好的修养。

温柔是女性最大的魅力。不管你为了证明自己坚强、独立而怎样否认这柔弱的字眼，但它依然流淌在女性的血液里。其实，温柔并不等同于柔弱，有时候它是一种更强大的力量。泰戈尔曾经说过："不是锥的磨打，而是水的载歌载舞使石头臻于完美。"所以，温柔不仅具有和风细雨、风卷云舒的阴柔之美，还是一种不容忽视的力量，是女人征服困难、获得成功的有力武器，是提升女性魅力的催化剂。

有人说女人的温柔是一种喜悦，不仅自己受用，同时也在不知不觉中取悦别人；有人说女人的温柔是夜幕降临时一盏亮起的灯，让人产生回家的渴望，无论多远，那盏灯都是心底里一直的牵挂；有人说女人的温柔是一种魅力，让男人一见钟情，忠贞不渝。

可见，女人失去温柔是一件多么可怕的事情，而世界上也绝少可以见到哪个男人会喜欢野蛮、泼辣、粗俗、悍妇一样的女人。一个女人无论外表多么漂亮，如果她张口粗话，这样的女人都会在人们的心目中大打折扣。

一位公交车上的售票员是个外表非常漂亮的女士，她那洋溢着青春朝气的脸蛋让每一位乘客都忍不住多看两眼，这是一种无法自持的对美的欣赏。然而当她查票时，一位男士左掏右掏都没有从兜里掏出钱来，这位漂亮的售票员突然破口大骂道："没钱你坐什么车，这么大人了买车票的钱都没有，真是好意思。"骂得那位男士羞容满面，狼狈不堪，车一到站拔腿就跑了。此时，所有的乘客都把头扭到一边，不敢再看这个漂亮的女人，因为从她那俊俏的脸蛋上，人们看到了一把锋利的刀，让人不寒而栗。

上面我们说的这个女人虽然她外表很漂亮，但是在她的漂亮外表下，人们更看到了她毫无温柔、粗俗不堪的一面。这样的女人，她失去的不仅仅是温柔，还有自己的尊严以及美好的心情。

温柔来自女人性格的修养。女人要在自己的日常生活中，注意自身的修养，培养女性的温柔。要把那些影响自己温柔的不利条件全部排除掉，让温柔的鲜花为女人的魅力而怒放。

一个女人，可以潇洒、聪慧、干练、做女强人、做交际场上的高手，但有一点不能少，她必须温柔。

2. 温柔是女性独有的武器

在《红楼梦》中，贾宝玉有句经典的名言，"男人是泥做的，女人是水做的。"女人如水的柔弱也可以是一种温柔的优势，这是上天为女人量身而做的服装。女性的温柔是一种智慧，是一种力量，温柔的女人知道关心别人，知道从别人的角度去考虑问题，她们也知道如何利用上天赐予的秘密武器。聪明的女人知道温柔是令人难以抵抗的秘密武器，它将使女人变得智勇双全，勇于挑战自己，不会轻易向困难低头。

有一种女人，不管在什么情况下，她们都显得极具人情味，能够理解别人的种种无奈和苦衷，然后用女人的温柔化解它，使对方充满喧嚣的心灵变得宁静、自信，从而获得对方的好感。

聪明的女人总是能把女人温柔的境界发挥得淋漓尽致。如果她们遇到强大的男人，就会利用自身的温柔优势，达到四两拨千斤的效果。

古代阿拉伯有一个叫列侬的小国，人们都把列侬王国的王后尊称为"斯苔"。

她是个十分善良、温柔而又贤惠的女人，当国王法赫尔·杜列驾崩以后，其子即位，号为玛智德·杜列。由于玛智德年纪尚幼，只好由母后代政，这样过了十几年。后来玛智德虽然长大成人，却是逆行不肖，不理朝政，整日只知同后妃们淫逸荒嬉，仍由他的母后执掌大权，周旋于苏丹、伊斯法罕和卡赫斯坦等大国之间。在这种情况下，强大的苏丹玛赫穆德派了一使者到列侬，向斯苔恐吓道："你必须呼我万岁，在钱币上印铸我的肖像，对我称臣纳贡。否则，我将率军攻占你的国家，将列侬纳入我们的版图。"使者还递交了一封重要的信件——战争的最后通牒。

列侬王国的百姓得到这个消息，群情激愤，与敌人誓死血战的气氛笼罩着这个弱小的国家，但列侬王后却宣布与敌人讲和。一时间权臣和百姓对王后的行为都百思不得其解，甚至有人诽谤她是"靠出卖身体换回权力的荡妇"，大家都怀疑她与强大的苏丹有暧昧关系。但是这个明智而坚强的王后宁愿做"坏女人"，亲自赴苏丹的鸿门宴，为自己的祖国争取和平的机会。

苏丹确实早就倾慕王后的美貌与风仪，而且宴会的地点还设在了国王的寝宫，不准王后带一个随从。这也难怪臣民不理解王后的行为，当然苏丹的目的不言而喻，如果能得到列侬王后，便也使他心满意足了。可结果怎样呢？之后被猜测成对苏丹献媚取宠的谈话，其实内容简单而深刻。

在华丽的苏丹床榻边，盛装高贵的王后用温和、不卑不亢的语气对苏丹说："尊敬的玛赫穆德苏丹，假如我的丈夫法赫尔还活着的话，您可以产生进犯列侬的念头，现在他谢世归天，由我代行执政，我心中思忖：玛赫穆德陛下十分英明睿智，绝不会用倾国之力去征讨一个寡妇主持的小国。但是假如您要来的话，至尊的真主在上，我决不会临阵逃脱，而将挺胸迎战。结果必是一胜一败，绝无调和的余地。假若我把您战胜，我将向世界宣告：

我打败了曾制服过成百个国王的苏丹；而若您取得了胜利，却算得了什么呢？人们会说：不过击败了一个女人而已。不会有人对您大加赞美，因为击败一个女人，实在不足挂齿。"

强横的苏丹听到这话时很震撼。看到她那恬静无畏的表情，苏丹彻底放下了手中的屠刀。在她执政期间，玛赫穆德苏丹一直没有对列依王国兴师动武。斯茞王后的高明之处就是很好地考虑了自己的性别角色，向强大的敌人展示了自己柔弱的一面，这等于向对手宣告："好男不和女斗，如果你还算一个有点儿胸襟的男人，就应该放弃对一个弱女子的攻击。"这样反而令对手羞愧，也就不好意思再争斗下去了。

女人的柔弱就是具有这样强大的力量，它可以击退千军万马而不需要动用一兵一卒。女人千万别小看自己柔弱的一面，这种气质往往是你走向成功的最锋利的武器，这是只属于女人的但却非常隐蔽的秘密武器，拥有了它的女人能更快地到达成功的彼岸。

3. 上善若水般的女子

《道德经》里说："上善若水。水善利万物而不争。处众人之所恶，故几于道矣。居善地，心善渊，与善仁，言善信，政善治，事善能，动善时。夫唯不争，故无尤。"老子认为，有道德的上善之人，有像水一样的柔性。水的柔性是怎样的呢？水性柔顺，明能照物，滋养万物而不与万物相争，有功于万物而又甘心屈尊于万物之下。正因为这样，有道德的人，效法水的柔性，温良谦让，广泛施恩却不奢望报答。

水，以一种流动形态存在，是物种起源的摇篮，却又是如此简单。是的，它很简单，再普通不过的微观粒子，无处不在，轻盈透明。但它并不因为简单就失去了重要性，恰恰相反，它是人类赖以生存的必要条件，正是由于无处不在的水，人类才能过着安乐、舒适的生活。水，就是这样，看似柔弱，实则坚韧，聚点滴成波涛，汇大湖而成四海。所以，当它流进殷末周起的中华历史时，有了一个被称为"睡在羊背上的人"，在他那本影响后世甚广的《道德经》中写道：上善若水。水善利万物而不争。处众人之所恶，故几于道矣。居善地，心善渊，与善仁，言善信，政善治，事善能，动善时。夫唯不争，故无尤。

做一个上善若水的女子，能处下而不恶。"居善地"指水善于选低下的地方而居。常言道：人往高处走，水往低处流。人大都不愿意处于低下，低下都为众人所厌恶。然而水则甘居低下，以低位基础向上发展。水能下，方成江海。女子有才而又能居下，从低处起，逐步爬升，才能减少向上的阻力。最善的女子也要像水一样，选择最适应的地势而居。女子的恬静温顺外表，不是脆弱的表现。像水一般能适应环境，甘居低处，在恶劣的环境和形势下，也会不卑不亢。最善的人内心总比常人空明澄静，心胸宽阔，可以做到"宰相肚里能撑船"。人活世上，不如意之事十有八九。怀有一颗平常心的女子，宁静若水，宽怀似海。

大海不藏泥淖，水能沉淀污泥，以保持清澈，能方能圆，能曲能直，适应任何形状。不放过任何流动的时机。最善的人做事会抓住时机，像水一样见缝就钻，不放过任何机会。应时而动，才会增加成功的概率。世事万变，最善的人做事会应时应地而变化调适，灵活处世，从而把事做好。"动善时"指水流动灵巧，见缝就补，生活中，每个人都会遇到挫折，但是没有人会因为一次失败而否定日后的成功。同样地，女子遇到挫折不可轻易放弃机会，不能向困难示弱。

不争才无患。正如水，柔而不弱。

上善若水，仅此一句话，便叫人体会到水的意境：简单，深远，丰富，坚韧。它是说做人也要像水这样，简单朴实，蕴意深广，人若能做到像水一样，那便为上善了。

也许会有人觉得再简单不过，可是又有几个人能真正做到"上善若水"，水一样纯净，水一样澄明，水一样大智若愚，水一样源远流长？这样的女人必是心性至善至深之人，她能在喧闹中开辟出自己的一席田地，她能在纷扰乱世中找到自己的归隐，她能在流言蜚语中静下自己的耳根，这样的人必是与山为邻、与水为友，出仕则心神俱孤，但仍然超然物外，淡泊宁静。

4. 女人的温柔是一种美德

温柔是女人最动人的特征之一。她可能不是都市的白领，她的学历也可能没有那么高，她的厨艺也许不怎么样，她的手也许很笨拙，她的长相也许挺一般，总之她绝对不能算得上是一个十全十美的俏佳人，但她却很温柔，说起话来"和声细语"，足以让男人顷刻间为之陶醉。

在男人眼中，女人的这一特点比所有的特点都要可爱。温柔的女人走到哪里，都会受到人们的欢迎，博得众人的目光。她们像绵绵细雨，润物细无声，给人一种温馨柔美的感觉，令人内心赞佩、回味无穷。

唐太宗大治天下，盛极一时，除了依靠他手下的一大批谋臣武将外，也与他贤淑温良的妻子长孙皇后的辅佐是分不开的。

长孙皇后知书达理、贤淑温柔、正直善良。对于年老赋闲的太上皇李渊，她十分恭敬而细致地侍奉，每日早晚必去请安，时时提醒太上皇身旁的宫女怎样调节他的生活起居，像一个普通的儿媳那样竭力尽着孝道。对后宫的妃嫔，长孙皇后也非常宽容和顺，她并不一心争得专宠，反而常规劝李世民要公平地对待每一位妃嫔，正因如此，唐太宗的后宫很少出现争风吃醋的韵事，这在历代都是极少有的。长孙皇后凭着自己的端庄品性，无言地影响和感化了整个后宫的气氛，使唐太宗不受后宫是非的干扰，能专心致志料理军国大事，难怪唐太宗对她十分敬服呢！虽然长孙皇后出身显贵之家，又贵为皇后，但她却一直遵奉着节俭简朴的生活方式，衣服用品都不讲求豪奢华美，饮食宴庆也从不铺张，因而也带动了后宫之中的朴实风尚，恰好为唐太宗励精图治的治国政策的施行做出了榜样。

长孙皇后不但气度宽宏，而且还有过人的机智。

一次，唐太宗回宫见到了长孙皇后，犹自义愤填膺地说：

"一定要杀掉魏徵这个老顽固，才能一泄我心头之恨！"长孙皇后柔声问明了缘由，也不说什么，只悄悄地回到内室穿戴上礼服，然后面容庄重地来到唐太宗面前，叩首即拜，口中直称："恭祝陛下！"她这一举措弄得唐太宗满头雾水，不知她葫芦里卖的什么药，因而吃惊地问："什么事这样郑重？"长孙皇后一本正经地回答："臣妾听说只有明主才会有直臣，魏徵是个典型的直臣，由此可见陛下是个明君，故臣妾要来恭祝陛下。"唐太宗听了心中一怔，觉得皇后说得甚是在理，于是满天阴云随之而消，魏徵也就得以保住了他的地位和性命。

婚姻决定一个人的成败。一个成功的老板，老婆的支持很重要。自古常言，一个成功的男人背后站着一个伟大的女性。这个女人有可能是老婆，但也有可能是其他女人。所以，领导者在择妻的时候，也不得不慎重呀。拥有一个好妻子，胜过一切荣华富贵，妻子内心的财富胜过身外的财富。

古希腊神话里，智慧女神雅典娜的那种高级智慧便是温柔。于是，人类在睿智中温柔，同时折射出一个人的兴趣情调、品格修养。

温柔的女人具有最暖的女人味，不尖刻，内心柔软但又自信、充满芳香，而且明亮。温柔的女人是幸福的，没有愁怨，更不会寂寞。是爱让她的心充盈而有力量，里边有温热的泉，双眸含水含笑。她明白自己的力量所在、魅力所在和快乐所在。她优雅的情怀与宽容的气度浑然一体，互相辉映。

5. 柔情的女人最富有女人味

古希腊大哲学家柏拉图说："美就是恰当。"法国文学家巴尔扎克说："美是一种恰到好处的协调和适中。"女人的美有多种，诸如容貌美、装扮美、谈吐美、举止美、身材美等，而似水的柔情则具有独特的魅力。

女人的美似乎和水有着不解之缘。历代的文学家都爱用"水"来描绘女人的美丽，如"出水芙蓉""娇花照水""冰雪肌肤"等。北宋大文学家苏轼在诗中写道："水光潋滟晴方好，山色空蒙雨亦奇。欲把西湖比西子，淡妆浓抹总相宜。"诗人用西湖的美来比喻西施的美，是多么贴切呀！

女人的柔情似水。女子多柔情，且以柔情为美。柔情能像春风一样吹散人们心头的忧愁和烦恼，给人们带来幸福和欢乐；它又像清澈的溪水，浇灌着友谊之树和爱情之花，使一切变得美好和谐。在强者如林的改革开放时代，人们似乎对"强人""铁腕"产生一种崇拜心理，而不屑于再谈女人的柔情，好像性情温柔的人就不能具有"铁腕"，不能成为"强人"，而"铁腕"和"强人"就不会有柔情。其实不然。敬爱的革命前辈邓颖超，生前公务繁忙，还经常拈针引线，为周总理缝补衣服。英国前首相撒切尔夫人，虽然日理万机，也要挤出时间为丈夫买香肠，下厨房亲自做饭。

女人的柔情多半来自天性。一个妙龄姑娘面对心爱的恋人时，心里就会情不自禁地充满柔情蜜意。这股柔情可以化为轻柔的抚摸和甜蜜的吻。她会为爱情奉献自己的一切，甚至做出牺牲。当年轻的妻子面对自己的丈夫时，她会体贴关怀，温情宽容。作为妻子，她会把居室装饰得清新、雅致，使家充满温馨；她会打扮得青春美丽，赢得丈夫的欢心；她会精心制作可口的饭菜，为忙于工作的丈夫加强营养；闲暇之时，与丈夫并肩而坐聊天谈心，互诉情怀，安慰丈夫忧愁之心。

好女人像水一样，清爽单纯，温柔和顺，缠绵柔韧。女人应珍惜自己如水的柔情、如水的细腻、如水的韧性。家庭中若没有女人就很难像个家，家庭中若没有柔情如水的女人，也很难会有充分的幸福。

那么，在生活中怎样才能让自己看起来更加温柔呢？

通情达理。这是女人温柔的最好表现。温柔的女人对人一般都很宽容，她们懂得谦让，对别人很体贴，凡事喜欢替别人着想，绝不会让别人难堪或尴尬。

富有同情心。这是女人的温柔在待人处世中的集中表现。对于弱者、境遇不佳者、老人和小孩，会表现出应有的同情，并尽可能设法帮助他们。

善良。对人对事都抱着美好的愿望，喜欢关心和帮助别人。

性格柔和。绝对不会一遇到不顺心的事就暴跳如雷或者火冒三丈。以柔克刚是女人智慧的最高境界。到了此境界，即使百炼钢也能被化作绕指柔。

不软弱。温柔绝不等于软弱，温柔是女人的美德，是一种能于不动声色中洞悉事理，在纷繁的关系中冷静地展示自我，笑对云卷云舒的真本事。而软弱是一种丧失人格和独立的个性，这不是女人的美德，而是一种耻辱，因此二者不可混淆。

第三章
有修养的女子，
魅力四处飘

　　女人可以貌不出众，可以平淡无奇，可以资质愚钝，甚至可以没多少气质，但是不可以没有修养。有修养的女人，处世落落大方，不亢不卑，不张扬，不显摆，似一株幽兰，芬芳四溢而不自知；有修养的女人善解人意，通达世情，不天真，不偏激，在任何突发变故面前都能处变不惊。

1. 女人的修养是一种诱惑

一位哲人说过，"塑造一个民族从女性开始。"也有一种民间说法，"爸好好一个，妈好好一窝。"从这两句话中，我们可以看出一个女人在历史、社会、家庭中的重要作用。那么一个女人怎样才能在历史、社会、家庭中起到很好的作用呢？很重要的一个环节就是修养问题，女人的修养是一种挡不住的诱惑，是一种感悟极致的平静，是一种简单纯净的心态，是一种宁静致远的境界。

年轻的女人虽然在风华正茂时可以毫不费力地依靠外表吸引他人的注意，但如果她们因此而忽略了对自身修养的提高，等到年老色衰时才想到要去弥补，那就太迟了。而那些平凡不起眼的女性，只要她们注意培养自己的修养，无论到什么年纪，她们身上依然会拥有一种让人无法抗拒的独特魅力，这份魅力让她们备受欢迎。

一位中年主妇察觉到自己的丈夫经常在家里夸奖他的女助手，她心里有些疑惑。于是开始每天描眉画眼，梳妆打扮，甚至不惜花费了一笔高昂的金钱做美容。然而，虽然她花费了一番心思，但她发现丈夫对她的精心打扮依然熟视无睹，仍旧每天大谈特谈自己的那位女助手。

妻子沉不住气了，试探着开始打听女助手的背景。于是丈夫邀请妻子和他一同去探望那位女助手。一见面，妻子大为吃惊。女助手和她的想象相差甚远，因为她既不年轻也不漂亮，而是一位头发已经斑白、身材已经发福的普通妇人。但从她的言谈举止中透露出典雅、自信、超然、乐观、机智，周围人无不受到她的感染，甚至这位妻子也抵挡不住她的魅力，十分迫切地想和她交朋友。这时妻子终于明白了，修养赋予一个女人的魅力是无可比拟的。

女人可以不漂亮，但不能没有修养。在高雅女性的重要因素中，修养可以说是最高的追求与境界，它赋予女人一种神韵、一种魅力、一种气质和一种品位。有修养的女人衣着时尚，妆容精致，神采飞扬，风姿绰约；有修养的女人平和内敛，从容娴雅，不矫揉造作，不喜张扬；有修养的女人，是一种遵从自我意愿的选择，是气质品位的自然流露。

一个修养与智慧并重的女人懂得把美丽炼成自信，把年龄化为宽容，把时间凝结为温柔，把经历写成厚书。她们在岁月的淘洗中逐渐绽放出珍珠般的光华，时间和经历甚至可以成为她们骄傲的资本，在轻描淡写中微微一笑，流露出令人难以抗拒的温柔与从容。

对于女人来说，良好的修养一般体现在以下十个方面：

守时。无论是开会、赴约，有教养的女人从不迟到。她们懂得，不管什么原因迟到，对其他准时到场的人来说，都是不尊重的表现。

谈吐有度。有教养的女人从不冒冒失失地打断别人的谈话，总是先听完对方的发言，然后再去反驳或者补充对方的看法和意见，也不会口若悬河、滔滔不绝，不给对方发言的机会。

态度亲切。有教养的女人懂得尊重别人，在同别人谈话的时候，总是望着对方的眼睛，保持注意力集中，而不是眼神飘忽不定，心不在焉，一副无所谓的样子。

语言文明。有教养的女人不会用一些污秽的口头禅，不会轻易尖声咆哮。

合理的语言表达方式。要尊重他人的观点，即使自己不能接受或赞同，也不会情绪激动地提出尖锐的反驳意见，更不会找第三者说别人的坏话，而是陈述己见，讲清道理，给对方以思考和选择的空间。

不自傲。在与人交往相处时，有教养的女人从不凭借自己某一方面的优势，而在别人面前有意表现自己的优越感。

恪守承诺。要做到言必信、行必果，即使遇到某种困难也不食言。自己承诺过的事，要竭尽全力去完成，恪守承诺是忠于自己的最好表现形式。

关怀体贴他人。不论何时何地，对长者与儿童，总是表示出关心并给予最大的照顾和方便，并且当别人利益和自己利益发生冲突时能设身处地为别人想一想。

体贴大度。与人相处胸襟开阔，不斤斤计较、睚眦必报，也不会对别人的过失耿耿于怀，无论对方怎样道歉都不肯原谅，更不会妒贤嫉能。

心地善良，富有同情心。在他人遇到不幸时，能尽自己所能给予支持和帮助。

2. 纯真善良是女人生命中的宝石

人人都知道："人之初，性本善。"但当我们经历了人生百态之后，心中是否还存留一份善呢？或许我们有，可是否早就被各种诱惑所腐蚀了呢？

翻开历史长卷，多少行善之人，他们都流芳千古，永远为人们所敬仰与怀念；而那些恶人，他们的坏名则遗臭万年，永远遭受世人的唾弃谩骂。即使不谈死后如何，只谈每个人的一生，拥有一颗善良的心也是幸福快乐的需要。

一个关于丑女和美女的故事，可以解释这个问题。

有一个人投宿到一家客栈。店主人热情地接待他，并向他介绍自己的家人。这个人发现主人有两个小妾，一位楚楚动人，一位相貌丑陋。

奇怪的是，店主偏偏宠爱那个丑女，而冷淡那位美女。他便打听缘由。店主就告诉他，那个长相漂亮的女人，自恃美貌却轻视他人，我越看越觉得她丑；而这个看起来丑陋的女人，心地善良，通情达理，令我越看越觉可爱，所以，我一点也不觉得她丑陋。

说到这里，正好那位漂亮的小妾昂首挺胸地走过来，主人连看都不看她一眼，对这个人继续解释："瞧她这德性，实在叫人生厌，她哪里知道什么叫美，什么为丑！"

这个故事诠释了一个女人"美丽"的真正含义。

女人真正的美丽，是内外兼修的美，是外在与内心和谐统一的美。这是任何一个成熟男人所知悉的。

男人到了中年时就会发现：原来，女人的美丽不在外表，而在具有包容心和好脾气。

男人选女友时，第一都是看身材和脸蛋，人品性格和脾气通通不管，但当考虑到妻子人选的时候，女人的美就不再那么重要，他会综合考虑其他的很多因素，如她的性格、品质等。

也就是说，女人美丽的外表只是男人目光的引导者，至于他的目光停留多久，那就要看这个女人其他的魅力了。正如德国诗人歌德说过的："外貌美只能取悦一时，内心美方能经久不衰。"

一个女孩在真正拥有善良美德的时候，才是最美丽的时候，这样的女孩就像一块闪闪发光的宝石，不仅照亮了自己，更照亮了别人的心灵。

对一个女人来说，真正的美丽是从心开始的，如果一个人只有外表美，而没有心灵美，就好比是正数乘以负数，结果还是负的。

如果一个女人只懂得追求外表的美丽而不懂得追求心灵的美丽是非常可悲的。一个真正美丽的女人对美的追求不是着眼于容貌与身姿，更多的是心灵的美。当一个女孩运用心灵的力量如同运用化妆的粉扑那样得心应手时，那么她也将变得更加美丽。

有一次，医生分别对自私的女人、小资的女人和善良的女人说，如果你的生命只有三天，你会在这三天里做什么？

自私的女人说："我会去享受生活，花光所有的钱，好好打扮自己。"

小资的女人说："我会好好旅游，去看看海，去爬爬山。"

善良的女人这样说："我会像什么也没发生一样，好好陪着我的亲人走完生命最后的路。"

女人一旦拥有一颗善良的心，就会善解人意，极富感情。她可以牺牲自己的利益而去成全别人，可以俭朴却心志不变，也可以委屈而不失自尊。善良的女人不会轻易埋怨世人，不会牢骚满腹，默默地工作的同时不忘理解、体贴他人。

优秀的女人必须是善良的。之所以把善良说得如此重要，是因为善良是这个世界上最美好的一种情操，是人类先天存在的崇高的根基——"人之初，性本善"。

善良是做人最基本的品质，如果女人善良，她就是美的。这种美虽然不会马上让人觉察出来，但这样的女人却最耐人寻味。男人会感觉这个女人身上带有母性，女人会觉得这个女人更贴心。所以，多数男人都会很乖地听她的话，女人也多称她大姐。

当然，善良也是有原则的，心软也算一种善良，但问题是，不是所有的问题你都能"扛"。要分清它值不值得去"扛"？能不能心安理得地去"扛"？只有善良，又能扛住多少重负？

因为善良而受伤害的人，往往有些懦弱，甚至无知。当他们发现问题的时候，不愿意往坏处想，是不愿意去面对并解决问题，所以就以一种牺牲的精神将善良淋漓尽致地挥洒，因为在他们的心中，总是认为"善会战胜恶"。善会战胜恶当然是真理，但是，善良的妥协往往往会被"恶"所利用，"善良"付出的代价也会很大。犯这样简单而重复的错误，善良就脱离了本质上的纯洁，更不能成为所谓的理由。所以，只有冰雪聪明又善良的女人才是女人中的极品。

女人如果又善良又聪明，当她遇到一个好男人，那就是真正幸福了；但如果缺少判断力，只有善良忍让而没有勇气抗争和改变，再遇上一个不负责的男人，那可就是最大的悲剧了。

有些女人，在遭受伤害后成为最"毒"的妇人，其实，那往往是女人拿善良做赌注却又满盘皆输的结果。还有的女人，受功利驱使，将女人善良的本性剥离，变得功利、贪婪、狠毒，同样不会有好结果。

很多漂亮女人刻意呵护自己光洁的肌肤，注重自己的一颦一笑，但她们往往忽略了内在的修养。虽然外表的漂亮可能会给人带来外露的诱惑，但这种诱惑却很可能是暂时的，最终会让人发现这漂亮后面隐藏着丝丝浅薄。如果只凭漂亮的脸蛋，虽能得到他人一时的青睐，日久却难免让人生腻，最终被淡忘。

优秀的女人必须是善良的，只有用心灵才能感觉到美的存在，因为它同样源于一个人的心灵，内心的善良是这种美的先决条件。之所以把善良看得如此重要，是因为善良是这个世界上最美好的情操。

每个女人都应该知道，除了外貌，当初你是凭哪一点将他"拿下"的。是你的纯真、活泼可爱，还是勇敢、坚定不移？是感情细腻、温柔多情，还是开朗豁达、宽宏大量？

他欣赏你的这些优点并对你产生了深深的眷恋——这就是你的个人魅力之所在。

3. 适当的羞涩可以提高你的魅力

一朵娇羞的花朵是美丽的，一个充满娇羞的女人也是美丽的。羞涩是女性的专利，它可以将女人含蓄的风情展现得更加诱人。当女性因害羞而两颊充满红晕时，那便是她最美的时刻。

"最是那一低头的温柔，像一朵水莲花不胜凉风的娇羞。"徐志摩这广为流传的两句诗可谓描写女性娇羞美的经典之作了。

历代文人骚客都注意到了女性的羞涩之美，故有出色的描写。曹雪芹在《红楼梦》中写宝、黛共读《西厢记》时，宝玉自比作张君瑞，戏曰："我就是个多悲多病的身，你就是那倾城倾国的貌。"黛玉听了桃腮飞红，眉似颦而面带笑，羞涩之情跃然纸上。

现代作家老舍认为："女子的心在羞涩上运用着一大半。一个女子胜过一大片话。"不难看出，羞涩也是女性情与爱的独特色彩。羞涩朦胧，魅力无限。康德说："羞怯是大自然的某种秘密，用来抑制放纵的欲望，它顺其自然地召唤，但永远同善、德行和谐一致。"伯拉克西特列斯的雕塑名作《克尼德的阿佛罗狄忒》和《梅底奇的阿佛罗狄忒》都是反映女性羞涩美的。羞涩之色犹如披在女性身上的神秘轻纱，增加了她的迷离朦胧。这是一种含蓄的美，美的含蓄，是一种蕴藉的柔情、柔情的蕴藉。

羞涩，不是现代女人的专利，它是人类文明进步的产物。羞涩是人类独有的，羞涩是人类最天然、最纯真的感情现象，它是一种心理活动，当人们因某事或某人而感到难为情、不好意思时，即会表现出羞涩的神情。内部表现为甜蜜的惊慌、异常的心跳，外在表现就是脸上泛起红晕。那是女人个性美的表现形式，是一种特有的魅力。

羞涩，同样可以作为一种感情信号：它的产生往往是因为陌生的环境、场面触发了紧张的情绪，还有一种可能是被异性触动了内心深处的感情。有一首诗曰："姑娘，你那娇羞的脸使我动心，那两片绯红的云显示了你爱我的纯真。"由此可见羞涩对展现女人含蓄风情的重要作用。

有人说："羞涩并非是女性的专利，男性同样有羞涩的时候。"的确，男性同样会有羞涩的表情，但男性的羞涩却不会把男性的阳刚美凸显得更加迷人，而往往使男人变得狼狈可笑；而女性却截然不同，羞涩时的盈盈笑脸却被认为是合情合理的，不但不会给人留下狼狈的印象，还会令他人更加喜爱，为她们的羞涩而着迷。所以说，羞涩，是女性独具的风韵和美色。

如果在女性丰富的感情世界中缺少了羞涩，经常会被看成是厚颜无耻。所以说，羞涩是女人个性的一种体现，体现出女人之所以是女人的特质，是女人特有的本性。

"犹抱琵琶半遮面""插柳不让春知道"的神韵，更能为女性的朦胧美增添神秘的色彩，给人留下无限的遐想空间。羞涩的表情闪耀着谦卑的光辉，在为女性提高魅力指数的同时，也将她们高深的涵养体现得淋漓尽致。

女性的柔性美本来就可以使人为之陶醉，再加上羞涩的神韵，更加深了女性神秘的色彩，给人留下了极其广阔的思考空间，让女人变得更加耐人寻味。

然而，正像曾经看过的一篇文章中说的那样，羞涩女人在现代已经成为稀有化石了，在这个审美迷离的年代，女性越来越开放：能使睫毛翘起来的无限长的加密睫毛、液体眼睑、棕榈海滩色面颊、烈焰红唇和野性乱发。21世纪的魅力女性，正变得越来越咄咄逼人。很多女性渐渐地将羞涩同保守和老土画上了等号，这个时代似乎是一个羞涩没落的时代。

我们并不是说大方爽朗的女性就不好了，事实上羞涩与大方爽朗也并不抵触，我们这里所说的羞涩是指某种场合下内心感情的一种真挚的体现，尤其是同男性交往的时候，如果适时地表现一下你的羞涩，绝对会起到意想不到的效果。

试想一下，如果同自己心爱的人在一起的时候，你因为他一个善意的玩笑或者一句发自内心的赞美而娇羞满面，那是一幅多么美丽的图画啊！所以，适当的羞涩是提高你魅力指数的又一法宝，女性朋友千万不可忽视哦！

4. 淑女，透出典雅柔和的光芒

"淑女"一词，最早出现在《诗经》开篇第一首《关雎》："关关雎鸠，在河之洲。窈窕淑女，君子好逑。"但这里的"淑女"只是一位采水草的迷人小村姑，与现代所说的"淑女"没多大联系，顶多只是"劳动创造美"的最早证据之一。而另外一首《硕人》中的那位卫夫人，"手如柔荑，肤如凝脂……巧笑倩兮，美目盼兮"，才算得上是真正的淑女，整个儿就是蒙娜丽莎的东方古典版。

那么，何谓淑女？淑女要读书，要有书卷气。但淑女读书不为做官，不为赚钱，只为去掉身上的小女儿气和尘世俗气，长知识，增见识，陶冶情操，修养情趣，不贪学富五车满腹经纶，只求知书达礼贤淑文雅。

古往今来，芸芸众女，总是美女和才女风光无限，惹目抢眼。荧屏内外书报刊中，到处都有她们迷人的身影。即使不是每一个女子都有此奢望，至少美女、才女还是对女性一种的恭维和赞美。

那么淑女呢？没有大家闺秀的尊贵，没有才女的傲气，没有美女的靓丽自然不引人注目，只有云淡风轻，所以少有人争取淑女的称号。

淑女都有才气，都是名副其实的才女。凭借特有的灵气与悟性，她们在某些方面或许还有很高的造诣，李清照的词、张爱玲的文，都是脍炙人口的精品。

淑女都有绝佳的高雅气质，"清水出芙蓉，天然去雕饰"。你只要看她的服饰穿戴你就知道，她绝不随波逐流，也不哗众取宠，简洁而别致，朴素而典雅。她的品位很高。

淑女兴趣广泛，博才多艺。琴棋书画，诗词曲文，样样知晓，且能精其一二。

淑女恬淡宁静，随遇而安。她不会让虚荣的洪水淹没，也不会让名利的急火灼伤；她愿做一些有兴趣又有把握做好的事，而她却常常出人意料地悄然抽身，激流勇退。

淑女不叛逆、不前卫、不夸张，她们是本色的、低调的、内敛的。

淑女温柔贤慧，但又不唯命是从。淑女平和内敛，从容娴雅，不矫揉造作，不喜张扬，并不意味着丧失自我，平庸乏味，放弃自立，相反，这些恰恰说明了她们内心的开阔和明亮。

淑女是丈夫的好妻子，淑女是孩子的好母亲；淑女是姐妹的知心，淑女是异性的红粉知己。淑女深谙做女人的本分，淑女也最能享受做女人的天赐之乐。

假如你是一个淑女，男人理想中的那种，你首先应天生丽质、容貌秀丽，即使不够国色天香，最低标准也要让人看了舒服。

当然，在单位你依然是仪态万方的淑女，对上级不卑不亢，对下级温和耐心，遇变不惊……一天工作结束，要在老公之前及时赶回家，其间已经完成接孩子、采购等一干琐事，当先生拖着疲惫的身躯走入家门，你已经备好一桌丰盛的晚餐和一张轻松的笑脸。你应该会察言观色、善解人意，你当然是聪明的。虽然这些要求对现代女性来说有点过于苛刻，因为这是基于男人理想化的定义，还有许多夫权思想的影子。"淑"，词典之解释为"贤惠、美好"，那么，淑女最终是以贤惠、美好而散发迷人光辉的。若你做不成美女，那么愿你做淑女。

5. 矜持是自身品格的表现

对一个女人来讲，最具有女人气质的体现就是矜持。

矜持，就是"距离产生美"的别称，也是所谓的"得不到的东西永远是好东西"的简言。矜持在男人的眼睛里就是一种美，一种令人神驰但却不能亵玩的美。

一个懂得矜持的女孩，往往最能激发男人呵护女人的英雄情结，能够体现男人的风度，能够让男人有强烈的疼爱这种女人的欲望，更能让女人保持一种很有张力的距离感，令男人处于一种最头痛可又不得不紧追不舍的美妙状态。

聪明的女人往往有一副矜持之态，以保持和男人间的那种若即若离，也保守着一颗不可轻易而获的心。她们知道，男人的天性是想征服一切，他们在征服的过程中从来不畏惧艰险困阻。因为他们大都有一颗勇敢的心，在征服的历程里，他们可以软磨硬泡、锲而不舍，甚至运用各种计谋和手段以期达到这个目的。

不爱的人看不出她刻意留下的距离，爱她的人却会为这种暧昧有致可又伸手不可及的距离而兴奋不已，同时也会喜欢这种富有挑战性的征服。因此，女人在男人的各种手段的攻势下，往往会成为男人的俘虏。

矜持是一门学问，矜持的度把握不好，就会失去爱的良机。她的一举手、一抬头的犹豫，说话前的思索，听到笑话后的慢一拍的微笑，都会使男人为之心动、为之心疼。

一种不轻易流露的矜持，恰恰体现了女人的修养。比如，知道是他打来的电话，要等到铃声响了八遍之后才接。不要太焦急，哪怕你是那么想听他的声音；挣脱他的怀抱，顺便帮他扫一下肩上的东西，哪怕他肩上什么也没有；让他把你冰凉的小手放到他的胸前取暖，但不把手插在他牛仔裤的口袋里……

矜持，就是女人要把自己当作美女一样看待的些许的骄傲，一种若有所思的慢一拍，一种小心翼翼的自我珍重。每个人都有许多角色，所以就有许多角度。当女孩的年华渐渐逝去，一个好女人的矜持、善良和恬淡就会透出一种持久的香。因为，矜持既是一种美德，又是一种体贴，更是女人的一种修养。

矜持的女人在任何诱惑面前都显得镇定自若，不卑不亢。并且会站在对方的角度考虑问题，她不会随便表白自己的喜好，明白"己所不欲，勿施于人"的道理，只会在男人最需要她的时候适时地出现在他的面前，给他以适当的关怀和温暖，让男人一生都为之感动不已。

矜持的女人会时常审视自己、审视社会以及身边的每一个人，以期做到知己知彼。但这种知己知彼并不是为了自己百战不殆，而是对人生的一种细致而负责的态度。她知道自己所处的这

个时代的价值，同时她也明白自己的缺点在哪里。她会在不断的
自我完善中走向成熟，从而打造一个完美的自己。

在恋爱中，矜持能让女孩大方自如，进退有度，同时又能
表现出女孩的一种气质、一种庄重、一种礼貌。所以，女孩适当
地保持一点矜持也是自身品格的表现，更会赢得别人的尊重和
敬佩。

冲动是矜持的敌人，因此矜持的女人不会"跟着感觉走"，
她会用她的理智很巧妙地告诉那些做错了事情的人们"你错
了"。也许是一个眼神，也许是一个动作，但绝对不会是一声斥
责或埋怨。因此，矜持的女人不狭隘，她不会为了一点儿小事而
和你斤斤计较，她宁愿相信《易经》中说的"坤厚载物"，也不
会去相信那些"水做的骨肉"的红楼论调。

相反，过度矜持反而会显得女人像"冷血动物"，虽然维护
了自己所谓的"面子"，却失去了一生的幸福。如果他打电话来
你就是不接，甚至直接关机。他当面拉着你，你假装生气甩脱他
的手，任他再如何地进一步追你，你也不理会；他渴望你一句好
话，你却不理会他或甩给他冷若冰霜的话语……这样的"矜持"
换个角度来说，就叫作"任性"。恋爱时，一个女人一直保持这
样的矜持，其结果也往往会适得其反。因此，女人千万不要因为
矜持而拒绝了真爱。

人都是有弱点的，一些太容易得到的东西就不会懂得去珍
惜，以至于很多人认为得不到的东西才是最美的！得不到的礼
物、得不到的衣服、得不到的人，才是最好的。所以，女人应该

矜持一点，这样你才会得到更多的尊重，才会让男人更懂得去珍惜，才会让男人知道这个世界还是有好女人的。

因此，把握好矜持，利用好智慧，也可以使女人永远拥有魅力，不管你现在是白领还是蓝领，或是待字闺中，作为女人的你永远都尽量不要大大咧咧、风风火火。要记住，凡事有度，矜持，永远是最高的品位。

第四章

相信自己，让淡定和优雅由内绽放

　　自信对于女人是很重要的一种品性，女人只要拥有了自信，便有了自己独立的思想，有了正确的人生观。这样的女人往往知道自己想要什么，能要什么；这样的女人或者外表并不美丽，但是她那种由内而外散发出来的淡定优雅气质，已经不知不觉地征服了大家。

1. 自信是女人最好的装饰品

"自信是女人最好的装饰品，一个没有信心，没有希望的女人，就算她长得不难看，也绝不会有那令人心动的吸引力。"这是著名小说家古龙所说的一句话。这句话很生动地说明了自信对女人的重要性。

不少女孩经常在恋爱的时候由于男友的不喜欢，就放弃自己的所想所为，选择服装要以男朋友的喜恶作为取舍的标准。但仔细想想，如果以取悦对方来作为维护双方感情的唯一力量，患得患失，也就失去了自信。失去自信，意味着失去让女人骄傲的本钱。女人的骄傲永远不是建立在外在的容貌之上，而是建立在散发女性光彩的自信上。

自信的女人，总是精神焕发、昂首挺胸、神采奕奕、信心十足地投入到生活和工作当中去。

自信的女人不惧怕失败，她们用积极的心态面对现实生活中的不幸和挫折；她们用微笑面对扑面而来的冷嘲热讽；她们用实际行动维护自己的尊严。这一切都淋漓尽致地表现出自信者的气质，一种坦诚、坚定而执着的向上精神。

当然，女人是否自信，关键在于她们用怎样的眼光看待自己。只有最自信的女人、最有勇气的女人才最有魅力可言。没有小女人自怨自怜的啜泣，更不同于女权者自舔创痛的愤慨，自信的女人永远珍惜自己，并努力让自己完美，每天进步一点点，不断自我充实，提升自我的知识和技能。自信来自好心情，来自乐观向上和积极进取。

在我们周围，有许多的女性，她们或许没有花一样的年龄、迷人的外表，但是她们却拥有自信，她们每天开心地工作、开心地生活，给朋友最灿烂的笑容、最甜美的声音、最真诚的祝福，她们总是给人一种赏心悦目、如沐春风的感觉，她们凭着自己的心性去过自己想要的生活，这样的女人永远自信快乐。

有一个女孩喜欢上同院里的一个男孩，而男孩难以忘怀女孩小时的狼狈样，难以报以爱心，对女孩并没有什么感觉。

一天，两个人同去看演唱会，男孩深为台上女歌星的美貌倾倒，他看到她太美了，女孩问："你看什么看得如此入迷？"男孩答："你看，那位歌星的发夹真漂亮！"后来，女孩在商场里看到了同样的发夹，她想买，但是它的价格不菲。女孩犹豫再三，想起男孩看女歌手时的痴迷样还是狠下心决定买一个，她想这样可以让男孩喜欢自己。但是她的钱没有带够，于是她先交了定金，下回补齐钱才取货。女孩后来又去了商场交钱，补齐了发夹的钱，就很神气地回家了，她边走边想：我戴了美丽的发夹，该多好看哪！像那天演唱会上的歌星一样！那男孩该喜欢我了……女孩越想越美，很高兴地回家了，一路上有很高的回头率。女孩进了大院，见到男孩正在与人聊天。男孩抬头见了女孩，很惊讶的样子。看到男孩这个样子，女孩更得意了。后来，女孩发现自己头上的发夹没了，女孩很焦急，沿途找回去，一直找到商场里，原来，发夹女孩忘了拿走。

　　从这个事例可以看出：女人只要有自信就会美丽。自信的女人有一种不一样的吸引力，她可以更妩媚生动，更光彩照人，也会更坚强、更有勇气去面对生活中所遭遇的艰难困苦。自信让女人相信自己可以去克服所有的困难，并不断地完善自己，努力使自己趋于完美。虽然我们知道人无完人，但是自信却能让我们向完美靠近，因为自信，让女人看到了自己本身的价值，看到了自己的魅力，看到了生活中美好的一面。

　　当然，可能很多女人最怕红颜易老。林黛玉葬花时有句名言："一朝春尽红颜老，花落人亡两不知。"它道尽了女人对红颜逝去的恐惧。女人不是永远青春美丽的雅典娜，时间的巨轮总会残酷地在那平滑的脸庞上碾出凌乱的皱纹，让原本紧绷、有弹性的皮肤，抖成满湖涟漪。但是，自信的女人仍会拥有迷人的气质和难以抵挡的魅力。

　　自信使你拥有一种特有的气质，一种强大的向心引力。一个自信的女人必是一个美丽的女人，那是一种通过自身的文化素养和品格修养由内而外散发出的光彩，是一种强烈的吸引力。不管你的外表是否真的漂亮，只要你有自信，你就拥有了美丽；只要你有自信，你就拥有了人生的价值；只要你有自信，你就拥有了世界；只要你有自信，你就拥有了完美；只要你有自信，你就拥有了所有。

　　自信的女人总是能坦然地面对社会，面对生活赋予她的一切，甜也好苦也好，悲也好喜也好，痛也好乐也好，她们都有勇气去承受，即使遇到失败残缺的生活，她们也不会失去努力向前的动力。她们的自信，让她们即使做不到拥有最漂亮的外表，也能拥有最能折服人的内涵，那因此散发出的魅力足够迷倒一大片的人。

记得一位著名的女作家曾经说过："女人，无论何时，都应该像树一样站立。"是的，女人不应该是一根藤，一根只能依靠他物才能生存的藤；女人应该是一棵站立的树，历经狂风暴雨却屹然挺立的树。只有这样的女人，才能享受生活的阳光，才能在风雨人生中吸取更多的养分，并让自己如花般鲜艳夺目。

自信是一种最坚强的内在力量，它能够帮助女人度过最艰难困苦的时期，直到曙光最终出现。信心从未令女人失望，它会使她发现自身的价值和潜能，取得成功。

有一个墨西哥女人和丈夫、孩子一起移民美国，当他们就快到达目的地的时候，她丈夫不告而别，留下她和两个待哺的孩子。

22岁的她先是惆怅了一阵，但看看孩子，她又毅然选择了向前，她相信，只要自己肯努力，一定会摆脱困境。就这样，她带着孩子来到了加州，去了一家墨西哥餐馆里打工，虽然工钱不多，但她还是尽量节约，因为她还有一个梦，那就是开一家墨西哥小吃店，专卖墨西哥肉饼。

有一天，她拿着辛苦攒下来的一笔钱，跑到银行向经理申请贷款，她说："我想买下一间房子，经营墨西哥小吃。如果你肯贷款给我，那么我的愿望就能够实现。"

一个陌生的外地女人，没有财产抵押，没有担保人。她自己也不知能否成功。但是幸运的是，银行家佩服她的胆识，决定冒险资助。

她25岁起经营自己的墨西哥肉饼，经过15年的努力，这间小吃店扩展成为全美最大的墨西哥食品连锁经营店。这个女人就是拉梦娜·巴努宜洛斯，她后来担任了美国财政部长。

这是一份自信带来的成功。自信使她白手起家寻求生路，自信使她有了胆量，自信也给她带来了机会和财富。任何人都会成功，只要你肯定自己、相信自己一定会成功，那么你就能如愿以偿。

古人曾说："哀莫大于心死，而身死次之。"没有自信的女人是很难成功的，就像没有脊梁骨的人无法站得挺直一样。当你拥有了自信，你就会敢于挑战生活中的困难，敢于超越困境，走向成功的人生。

自信是一种非常宝贵的财富，如果你想做个美丽女人，那么，请昂起你自信的头吧，让自信的微笑时常挂在你的嘴角，相信无论何时何地，你都会成为最美丽动人的女人，成为生活的主角。

2. 女人不能没有美好的梦想

对于女人而言，梦想就是信念，只要拥有了让自己的生活不断进步的梦想，便有了自信高飞的灵魂。

当每个女子都还是小女孩的时候，都曾梦想得到一朵七色花，因为它可以帮助我们实现七个愿望，美丽、聪明、巧克力、冰激凌、白马王子等。正是有了梦想，我们才努力地去追求生活并努力改变着生活。

美国脱口秀天后奥普拉曾说："我们可以非常清贫、困顿、卑微，但是不可以没有梦想。"也许这句话还可以这样说：不管一个人多么清贫、困顿、卑微或年老，都不可以没有梦想。

美国老太太诺拉·奥克斯创下了世界上最高龄的大学毕业纪录，从海斯堡州立大学毕业，与她21岁的孙女奥克斯一起领了毕业证书。诺拉·奥克斯的丈夫在她60多岁时去世了，当时她就开始在小区大学修课，修了30多年，终于到堪萨斯州立大学修足了最后一堂课，拿到了毕业证书。自从这个"世界纪录"传出来之后，有记者跑到校园里去"堵"她。看见白发皤然的老太太拎着一只装着书的布袋，缓缓走下走廊，校园里每个学生都认识她，跟她打招呼。

记者问她感想如何？她说："我跟别的学生没两样呀，只要你别管我几岁。我心智清楚，身体也没问题的。"

90多岁才从大学毕业，学位证书对她的功能性意义并不重要。重要的是她通过这种方式享受生活。对于梦想，不同的女人有着不同的解答。有的人梦想拥有清静的地方，平平淡淡度过一生；有人梦想嫁一个好老公，有一个美满的家庭；有人梦想可以和性如烈火的朋友一起，如火如荼地燃烧自己的生命……也许你的生活不是其中的一种，是多种的集合，但总有梦想，对吗？

　　美国第37任总统威尔逊说："我们因梦想而伟大，所有伟人都是梦想家。他们在春天的和风里或是冬夜的炉火边做梦。有些人让自己的伟大梦想枯萎而凋谢，但也有人灌溉梦想，保护它们，在颠沛困顿的日子里细心培育梦想，直到有一天得见天日。这些是诚挚地希望自己的梦想能够实现的人。"梦想，是黑夜里的一豆烛光、一盏明灯、一弯新月；梦想，是岁月里的一缕清风、一滴露珠、一丝细雨；梦想是轻盈的雨蝶，是放飞的风筝，是飘扬的柳絮，是漫天的飞雪；梦想是飘逸的长发，是摇曳的裙裾，是曼妙的舞姿，是张扬的灵魂。

　　一位哲人说过："一个女人可以没有美好的生活，但万万不能没有美好的梦想。"女人的梦想，就是女人的信念，是女人对未来与生命的责任。我们心中大大小小的梦想，在生活的每一个角落里弥漫芬芳。无论岁月在我们脸上增添了多少风霜，无论世事在我们胸口划过多少伤痕，只要我们有梦想就有生存的激情。

　　其实，梦想并不是抽象的东西，也不是不可捉摸、虚无缥缈的东西。梦想，需要你去努力追逐。在你追逐梦想的过程中，你会发现自己比原来更快乐、更充实，你的生活和生命都将绽放出一种奇异的光晕，并笼罩和感染着你身边的每一个人。

3. 自信的女人最美丽

　　自信心是女人对于自己能力和行为所表现出的信任情感。

一个女人有了自信心就有了克服困难的精神动力。人生其实有很多需要自信的时候，在那些时刻，不同的选择就代表了不同的未来。所以，对女人来说，你更要敢于面对。要知道，这个社会有很多机会需要女人去抓住。

李文静是中国农业大学的一名普通毕业生，家里也没有什么背景。如果只是看她的教育背景，你很难想到她能够成为外企的高级主管。她成功的原因很简单，那就是她敢于梦想，也相信自己的能力，并且她一直没有放弃。

因为教育背景不是名牌，李文静的第一份工作并不算好。为了改变自己，她花去了大半个月的工资去学外语，开始了漫长的充电之旅。

她先后上过不少外语培训班，也上过北外一些著名的语言进修班，为此她花费了不少钱。不过，得到的回报是她的英语突飞猛进。能力提高了，她也更加自信了，对自己的未来更充满了信心。

于是，李文静决定去外企应聘。凭借出色的外语，她顺利地进入了外企。

从此，她有了自己发展的平台，而且很快就被提拔为办公室的主管。

所谓"自信"，就是信任自己的心灵力量。因为有信心，潜藏在你意识中的精力、智能和勇气才会被调动起来，你给人的感觉是蓬勃向上、富有朝气的，而不是自卑者无精打采、神色黯然的颓废。在处理事情的时候，你挥洒自如、灵活应变，而不像自卑者那样优柔寡断、畏畏缩缩。自信的人常常带着温暖的微笑，传递着坦然的气息，没有任何抵御外界的意图，他们敞开胸怀，准备迎接所有的人和所有的挑战，没有丝毫拒绝的姿态。因此，一旦别人感受到这种氛围，就会乐于与之接近。

有些人不自信确实因为有某些客观的缺陷或者不足，也许是因为身材矮小，也许因为眼睛很小，或者因为说话口吃……总之，那些人总是能给自己找出一大堆确确实实存在的理由。但是自信是没有任何借口的！

一个女人，你心里想什么，就要努力去做什么。征服畏惧，征服自卑，建立自信最快、最切实的方法，就是去做你害怕的事，直到你获得成功的经验。

自信心往往可以产生你想象不到的力量，它是一种我们看不见的力量。当一个女人拥有了自信，整个人就会焕发出非同一般的光彩。它会使你无所畏惧，会让你勇往直前。

自信，可以让一个相貌一般的女孩子变得漂亮动人。当平凡的相貌因为自信而光彩焕发的时候，你不得不赞叹造物主的神奇。

自信的女人有一种不一样的吸引力，她可以让女人更妩媚生动，更光彩照人，也可以让女人更坚强、更有勇气，去面对生活中所遭遇的艰难困苦，在挫折面前不低头，坦然地去面对，自信让她相信自己可以去克服所有的困难；并不断地完善自己，努力使自己趋于完美。虽然我们知道人无完人，这世上没有真正的完美的人，但是能自信地让自己向完美靠近，怎能说这不是一种最美呢？因为这样的自信，女人看到了自身的价值，看到了自己的魅力，看到了生活中的美好一面。

　　自信的女人是最美丽的，缺乏自信总是少了点什么。恋爱时，如果缺乏自信，总是患得患失、心事重重的样子，让她的脸上失去了恋爱中人应该有的光泽，少了爱情带来的快乐而变得不那么生动美丽，而自信时，即使她不是一个美丽的女孩，也会因为爱情的滋润整个人灵动俊秀起来，成为最美丽明朗的女子。做新娘的时候如果缺乏自信，少了对将来的信心，即使这一天打扮得很漂亮，也总是缺少了一点动人心弦的光彩；而自信的新娘，因为坚信自己是最美丽的新娘，坚信自己拥有了最好的另一半，坚信自己找到了所要的幸福，坚信从此会和那个他营造一个温馨和谐的家，这样的坚信让她的脸上被亮丽的韵泽所笼罩，成为最美丽动人的新娘。在成为母亲的时候如果缺乏自信，就会顾虑忧心，怕自己胜任不了母亲这个角色，那些焦虑让她失去了作为母亲的风采，而自信的女人在成为母亲时，认定自己将是个最称职的母亲，自信在她的哺育下宝宝会健康成长，自信在自己的引导中宝宝会成为一个有用的人。这么自信的母亲，她脸上焕发出的向往是最拨动人情感的美丽。

　　女人的自信是美丽的，它让你拥有一种特有的气质，一种具有震慑力的向心引力。不管你的外表是否真的漂亮，只要你有自信，你就拥有了美丽；只要你有自信，你就拥有了人生的价值；只要你有自信，你就拥有了世界；只要你有自信，你就拥有了完美；只要你有自信，你就拥有了所有……如果没有自信，就算外表很美，也失去了应有的动人心魄的一面，就此黯淡起来。

　　所以，自信对于女人是很重要的一种品性，如果您想做个美丽女人，那么，请抬起你自信的头颅吧，让自信的微笑时常挂在你的嘴角，相信无论何时何地，你都会成为最美丽动人的女子，成为生活的主角。

4. 心态决定女人的命运

　　我们必须面对这样一个事实：在这个世界上，成功卓越的女人少，失败平庸的女人多。成功卓越的女人活得充实、自在、潇洒；失败平庸的女人则过得空虚、艰难、忧郁。

　　积极的心态创造人生，消极的心态消耗人生。积极的心态是成功的起点，是生命的阳光和雨露，滋润着女人的生活；消极的心态是失败的源泉，是生命的慢性杀手，使人在不知不觉中丧失动力。所以，女人选择了积极的心态，就等于选择了成功的希望；选择消极的心态，就注定要走入失败的沼泽。女人要想成功，想把美梦变成现实，就必须懂得"心态决定命运"这一条人生哲理。

　　成功学大师戴尔·卡耐基说过："人与人之间只有很小的差异，很小的差异却造成了巨大的差异。这很小的差异就是心态，巨大的差异就是不同心态产生的结果。"马斯洛曾这样说："心若改变，你的态度就会跟着改变；态度改变，你的习惯就会跟着改变；习惯改变，你的性格就会跟着改变；性格改变，你的人生就会跟着改变。"有人说过："当一个人的态度明确时，他的各种才能就会发挥最大的效用，因而产生良好的效果。"态度不同会使结果不同。一个学习态度端正的学生，学习成绩往往会名列前茅；一个态度明确的推销员，可以经常打破推销纪录；一个态度良好的人，他的人气指数会很高，生活会很幸福……一个拥有积极心态者常能心存光明远景。积极心态能让你健康长寿、获得财富、拥有幸福；而消极心态则会剥夺一切使你生活变得有意义的东西。因此，对一个生活和事业都想取得成功的人来说，心态非常重要。如果你保持积极的心态，掌握了自己的思想，并引导它为你明确的生活目标服务，你就能享受到生活的优待。

　　王凡是一家公司的业务员，是一个能给人好感的忠厚之人，但她总给人一种寡味索然的感觉，同事们讽刺她是"地狱最下层的人"，这是指她是公司里业绩最少的业务员。公司虽然对王凡的人品没得说，但也只能考虑让她走人。

　　就在公司考虑要开除她时，王凡突然爆发了巨大的热情，开始积极地工作，营业额也逐渐上升，一年后成为了公司的王牌业务员，又过了一年，她竟然成为国内销售冠军。

　　在业务员的表彰大会上，王凡受到董事长的表扬。董事长给王凡授完奖以后，对王凡说："我从来没有这样高兴地表扬过人。你是一个杰出的业务员。不过，你的营业额高速增长，这巨大的转变是怎么实现的呢？能不能与大家分享一下你的成功秘诀呢？"

　　王凡并不擅长言辞，即使现在已经是战果丰富，她还是有点害羞地说："董事长先生及各位女士、先生们，过去我曾经因为自己是个失败者而垂头丧气，这一点我记得很清楚。有一天晚上，我看到一本书，上面写着'因为热爱，才能做得更好'，我忽然好像领悟到了什么一样，我不能再这样下去了，我找到了以前失败的原因——因为我不热爱自己的工作，所以缺少对工作的热情，但是我相信，我会改变的。第二天一大早，我就上街从头到脚买了一套全新的衣服，包括套装、内衣、袜子、皮鞋等，我需要全面地改变自己。回家以后我又痛痛快快地洗了个澡，头发洗干净了，同时也把脑子里消极的东西全都洗掉了。然后我穿上刚买的新衣服，带着以前从未有过的热情开始出去推销了。然后，我的营业额开始上升，越来越顺利。这就是我转变的过程，非常简单。"

王凡的转变，是因为她转变心态，学会爱上自己的工作，然后唤起了对工作的热情，同时也造就了后来的成功。热爱才会有热情，热情可以把一个人变成完全不同的人，这是一个多么神奇的转变呀！其实，许多员工在工作上之所以不太顺利，甚至失败，就是因为缺乏对工作的热爱。如果缺乏热爱，你永远不可能成为顶尖的人才。热爱你的工作，否则不如甩手不干。

如果说女人是漂亮的鲜花，那么积极乐观则是水，让女人更加鲜艳、滋润、舒展，使女人变得多姿多彩、富于生机，并拥有阳光般的心态、积极的生活态度和健康的心理。

我们要懂得利用乐观主义这一心灵的阳光，只有它才能为我们照亮前途。只有乐观的心态才能吸引那些与成功体验相关的思想。

积极乐观的女人在面对生活的压力时，会保持乐观的心态。因为她们知道：这是一根坚强的支柱，上帝不会因自己的长吁短叹、忧心忡忡产生怜悯。相反，保持乐观的心态、顽强的意志则会支持自己摆脱困境、渡过难关。

积极乐观的女人在面对事业的挫折时，她们的乐观心态就是一股强劲的力量。就算是自己烦天烦地，上司也不会因此而提携自己。相反，如果自己能够保持乐观的心态、百折不挠的毅力，终有一天会走出低谷，重新扬帆起航。

积极乐观的女人在面对病痛的折磨时，乐观的心态就是一剂良药。病魔不会因为自己的唉声叹气、惴惴不安而离开，相反，保持乐观的心态、无比的信心就会帮助自己战胜病魔，重拾健康。

积极乐观的女人面对情感的失落时，不会无所适从，而是抱着乐观的心态。她们明白：对方不会因为自己的自暴自弃而产生怜惜，与其这样，还不如保持乐观的心态、清醒的头脑来促使自己去忘记悲伤。乐观的女人相信自己总会找到属于自己的幸福。

世界上没有一个人每一天的日子都是晴空万里，一个乐观聪明的女人懂得去寻找快乐，并放大快乐来驱散愁云；一个乐观的女人明白简单生活就是快乐，她会把复杂的事情简单处理，不会为自己和他人设置心灵障碍，不会让琐碎的小事杂陈心头，她会定期消除心里的垃圾。

为了在生活中培养乐观的心态，可以尝试下面的方式：

（1）与乐观主义者交朋友。最不足以交往的朋友，是那些悲观主义者和一些只会取笑他人的人。真正的朋友，应该是把"没有什么大不了的"挂在嘴上的人。

（2）当情绪低落时，就去访问孤儿院、养老院、医院，看看世界上除了自己的痛苦之外还有多少不幸。如果情绪仍不能平静，就积极地去和这些人接触；和孩子、老人、病人一起散步游戏，把自己的情绪转移到帮助别人身上，并重建自己的信心。

（3）听听愉快、鼓舞人的音乐。不要去看早上的电视新闻；看看与你的职业及家庭生活有关的当地新闻。不要向诱惑屈服，而浪费时间去阅读别人悲惨的详细新闻。在开车上学或上班途中听听电台的音乐或自己手机上的mp3。如果可能的话，和一位积极心态者共进早餐或午餐。晚上不要坐在电视机前，要把时间用来和你所爱的人聊聊天。

（4）改变你的习惯用语。不要说"我真累坏了"，而要说"忙了一天，现在心情真轻松"，不要说"他们怎么不想想办法？"而要说"我知道我将怎么办"。不要在单位抱怨不休，而要试着去赞扬某个同事；不要说"为什么这事偏偏找上我"，而要说"这是上帝在考验我"；不要说"这个世界乱七八糟"，而要说"我要先把自己家里弄好"。

（5）向龙虾学习。龙虾在某个成长阶段会自行脱掉外面那层具有保护作用的硬壳，因而很容易受到敌人的伤害，这种情形将一直持续到它长出新的外壳为止。生活中的变化是很正常的，每一次发生变化总会遭遇到陌生及预料不到的意外事件。不要躲起来，使自己变得更懦弱；相反，要敢于应付危险的状况，对未曾经历过的事情，要树立信心。

（6）从事有益的娱乐与教育活动。观看介绍自然美景、家庭健康以及文化活动的电视片；挑选电视节目及电影时，要根据它们的质量与价值，而不是注意商业吸引力。

（7）在幻想、思考以及谈话中表现出健康的状况。每天往积极的方面想，不要老是想着一些小毛病，像伤风、头痛、刀伤、擦伤、抽筋、扭伤以及一些小外伤等。如果你对这些小毛病太过注意了，它们将会成为你最好的朋友经常来"问候"你。一般脑中想些什么，我们的身体就会表现出来。

5. 不要做自卑的丑小鸭

丑小鸭因为与众不同而被公认为形象"丑陋"，因此在鸡鸭群中"处处挨啄，被排挤，被讪笑"，而丑小鸭自己也因为自身的与众不同而感到非常自卑。但当三只令它"不禁感到一种说不出的兴奋"的美丽的鸟正向它游来时，它也向它们游去——最后，它终于明白：它和它们是同类，也是一只天鹅，一只美丽的天鹅。

信心使"丑小鸭"变成了人见人爱的"白天鹅"，那么信心能否让女人也变成人见人爱的"白天鹅"呢？

贬低和蔑视自己，都是不对的。女人必须明白，如果想让气场变得稳定而完整，就一定要用最好的东西来修补最脆弱的环节，不管是身体发肤还是心灵内涵。可是在现实生活中，许多女人的双眼却紧盯着自己的短处，总是拿自己的短处与别人的长处比，使自己变得更加自卑。

相信自己，一定要相信自己。只有这样，女人才会活得开心，活得顺利，女人的人生才会充满良好的情绪和充满自信的感觉。

是的，任何人都没有必要自卑，每个人都有自己的不足，也有自己的长处，重要的是女人要看得到自己的这些长处。

怀有自卑情绪的女人，往往遇事总是认为："我不行""这事我干不了""这个工作超过了我的能力范围"……这是没有进行尝试就给自己下了结论。而实际上，只要她专注努力，她是能干好这件事的。

认为别人都比自己强，自己处处不如人，这是一种病态心理的自卑。在实现成功的过程中，这种心理是非常有害的。

相信自己，一定要相信自己。要有信心，要高高地抬起头，走路要脚下生风。

只有这样，你才会活得开心，活得顺利：你的人生才会充满良好的情绪和自信的感觉。

克服自卑，也是控制和调整情绪、提高气质技巧的一种重要手段。

传说，从前在夏威夷有一对双胞胎王子，有一天国王想为儿子娶媳妇了，便问大王子喜欢怎样的女性呢？

大王子回答："我喜欢瘦的女孩子。"

而知道了这消息的岛上年轻女性想："如果顺利的话，或许能攀上枝头做凤凰。"于是大家争先恐后地开始减肥。

不知不觉，岛上几乎没有胖的女性了。不仅如此，因为女孩子一碰面就竞相比较谁更苗条，甚至出现了因为营养不良而得重病的情况。

但是，后来却出现了意外的情况。大王子因为生病一下子就过世了，因此仓促决定由弟弟来继承王位。

于是，国王又想为小王子娶媳妇，便问他同样的问题。"现在的女孩子都太瘦弱了，而我比较喜欢丰满的女性。"小王子说。

知道消息的岛上年轻女性，开始竞相大吃特吃，不知不觉中，岛上几乎没有瘦的女性了。岛上的食物也被吃得乱七八糟，为预防饥荒而储存的粮食也几乎被吃光了。而最后王子所选的新娘，却是一位不胖不瘦的女性。

王子的理由是："不胖不瘦的女性，更显得青春而健康。"

为缺点和自卑感烦恼的女人请注意：审美观是因人而异的。同一位女性，也许甲先生会认为她是个美女，而乙先生却不认为她是美女。太看重别人的评价或因为自己一点儿缺陷就自卑，不但没有必要，而且会影响自己正常的生活。

认为别人都比自己强，自己处处不如人，这是一种病态心理的自卑。那么当女人出现自卑时，该如何克服呢？我们可以从以下几点入手：

（1）赞赏你的进步

不要等到十全十美才赞赏自己，否则你将永远等待。在到达目标的路口时，留意每个值得肯定的步伐。就算进步对于你而言是微不足道的，也要记得恭贺自己。

（2）坦然接受挫折

生活不是阶梯，并非每一步都是上升的。每个人都可能上下颠簸，潮起潮落。你会犯错，当你失败时，也会收获一种经验，这就是代价。

（3）期待正面的结果

你期待你的行为会与期待符合，但事实并非那么美好。尽管如此，转换一下思维，只要有正面结果就给自己打满分。负面的期待会增加你的错误机会，若以期待成功来替代，你将会一无所失且获得一切。

（4）使用幽默安慰自己

生活中遇见挫折时，幽默感是你最佳的朋友。当你可以嘲笑自己的错误时，你的感知就改变了。你可以想，"这次只不过是运气在跟我玩捉迷藏罢了"。

我们应该认识自己的真正价值，即使经历了多次的失误和失败也应该相信，自己是为了从事自己力所能及的工作而降临到这个世界上来的。与其怀疑自己，与其对自己感到绝望，不如安慰自己、喜欢自己，同时善待每一个人。自信心一旦增强后，如果不发展成为自私自利或以自我为核心的话，那就能在尊重自己的同时也能尊重别人。这样，你也就由一只"丑小鸭"变成人见人爱的"白天鹅"了。

第五章
好学不倦，把时光用在美好的事物上

　　任何一个有才华的女子，她的才情都是用足够的知识和生活经历积累的。好学的女人，如火之有焰，如灯之有光，如金银之有宝气。不要得意青春的娇艳，不要满足犹存的风韵，更不要感叹岁月的无情，永远保持健康美丽、乐观向上的心态，好学不倦，你便是最美丽的女人，幸福快乐的人生将会永远陪伴你！

1. 女人就要常伴书香

女人最忠实的情人应该是书籍，把书作为自己进步的阶梯，活到老学到老，才能一直保持自己的魅力，不同时代脱节。读一本好的实用书，你就能体会到书中的另一番情趣。当你广泛地阅读书籍时，你会有机会在不同的书中找到心中疑惑的答案。

书不仅是精神食粮，也是把我们的"容器"变得更大的现实工具。这个"容器"有可能是指饭碗，也有可能是指我们包容人生的胸怀。

轻轻叩开文字的门扉，一张张白纸黑字的书页便会转变成一面面镜子：时而折射出鲁迅先生在灯下执烟深思的侧影；时而是孔明轻摇羽扇舌战群雄的风采；时而是对人格平等不断追求的《简爱》；一转眼又变成了自信地预言明天是个崭新日子的斯嘉丽；读到饮弹自尽的少年维特又联想到坚信不会被打败的捕鱼老人……

这一部部血泪交融的民族发展史在眼前展现，一个个叱咤风云、指点江山的伟人从面前走过，一首首流传千古、意境优美的诗歌，一则则幽默风趣的寓言，一条条精悍深刻的格言警句，开阔了我们的思维，使我们的灵魂迸发出智慧的火花。

女人如果放弃了读书，放弃了学习，也就等于放弃了自己。

如果你想为将来做好准备，你必须学习，必须读书。正所谓："腹有诗书气自华！"

读书之于魅力女人，更是一种秀外慧中的完美打造。

茹女士原为一家国有企业的员工，现在已经自己当了老板。她认为，女人必须学习，不断在精神上有所进取，相貌一般的女性明白自身的缺陷，所以应该特别注意发掘自己的个性美，注重内在气质的培养和修炼，借助读书美容，是可以实现的。

茹女士原来的办公室里有三男两女，除了她以外，还有一个女孩。那女孩长得确实很漂亮，她也因此占尽了便宜：若论能力，论业务，她样样不如茹女士，但一遇到涨工资、评职称和休假的机会，样样都是她的。

面对这些不公平，茹女士没有说什么，她只是暗暗地读书学习，报名参加了英语班、计算机班等，她很清楚自己的"硬件"不足，只有靠"软件"来补了。

两年后，茹女士从原单位辞职，进入一家合资企业。在那里她从一名职员做起，一直做到总经理助理。在一次谈判结束后，对方的老总邀请她共进午餐。后来，那个老总成了她的丈夫。他说那天她在谈判中沉着冷静、不卑不亢的态度，不凡的谈吐以及优雅的举止深深地吸引了他，当时他觉得她是最美的女人……

茹女士的"美"，无疑是多年读书赋予的，可见读书可以让女人美丽，也可以让女人幸福。茹女士的经历留给女人们一个启示：今天的女性美已经远离过去的烦琐和艳丽，而向着简单和个性化转移了，用文化造就自己，用文化装扮自己，比眼花缭乱的服饰和化妆更有内涵。

书是改变一个人最有效的力量之一。它能够影响人的心灵，而人的心灵和人的气质又是相通的。所以，一个女人要想把自己打扮得可爱、漂亮或者具有吸引力，那就去读书吧。

经常读书的女人，一眼就能从人群中分辨出来。特别是在为人处世上也会显得从容、得体。有人描述，经常读书的女人不会乱说话，言必有据，每一个结论会通过合理的推导得出，而不是人云亦云，信口雌黄。

经常读书的女人，做事会思考，知道怎么才能想出办法。她们智商比较高，能把无序而纷乱的世界理出头绪，抓住根本和要害，从而提出解决问题的方法，科学拒绝盲目；她们走的每一步都是深思熟虑过的。这些都是平时缺乏读书的女人所欠缺的。

爱读书的女人很美，爱读书的女人美得别致。她不是鲜花，不是美酒，她只是一杯散发着幽幽香气的淡淡清茶。即使不施脂粉也显得神采奕奕、风度翩翩、潇洒自如、丰姿绰约、秀色可餐。

读书的女人把大多数时间用在读书上，读书对于她，是一种生命要素，是一种生存方式。与金玉其外、败絮其中的某些漂亮女人相比，她是懂得保持生命内在美丽的智者。

书让女人变得聪慧，变得坚韧，变得成熟。书使女人懂得包装外表固然重要，而更重要的是心灵的滋润。

知识是永恒的美容佳品，书是女人气质的华美外衣，会让女人永远美丽。罗曼·罗兰说："和书籍生活在一起，永远不会叹息。"

2. 读书的女人有品位

一个有魅力的女人是充满书卷气息的，她有一种渗透到日常生活中的不经意的品位。

喜欢读书的女人，是有品位、有格调的女人。她谈吐超凡脱俗，有一种不同于世俗的韵味。这种女人可以在人群中超然独立，拥有一种无须修饰的清丽。

读书是一门精神功课，对女人有潜移默化的感染，有些女人从外貌上看毫无气质、毫无魅力，甚至是丑陋的，然而，读书居然使她们获得了新生。有的女人自知相貌平平，便发奋读书，由于她读的书多，知识就比较渊博，变得越来越自信，越来越有品位。

可能你会认为培养高雅的品位、优雅精致的生活、文化艺术的修养，打高尔夫球、听音乐会、弹钢琴、穿品牌服装要有金钱的支持。所以，你认为只有先赚到了钱才能提高品位，有钱人才有权谈品位。

其实，完全不是这么回事。的确，有钱人更容易接近高标准的物质和精神生活，但是品位跟金钱却没有必然的关系。一个女人的品位并不是由她的财富决定的，而取决于她所受的教育、她的生活观、她的性格和她所处的环境。就像一个女人的穿着，并不在于有多么华丽，而在于搭配得恰当和得体。有的女人虽然全身名牌，珠光宝气，但留给人庸俗的感觉；有的女人仅仅是简单的牛仔加T恤，却也能穿出自身的气质。

经常看到有些女人喜欢买些廉价、做工粗糙的伪名牌，其实，她们不仅没有占到"名牌"的便宜，反而降低了自己的品位。这些女人要么是太虚荣，要么是误解了"品位"二字。精致和优雅的生活，并不是随着品牌和金钱来的，它来源于你骨子里的"精品意识"。

作为女人，没有不希望青春永驻的。但残忍的是，所有的女人，无论她有多大的雄心壮志，最终也要衰老。青春永远只是人生的美丽过客，来不及缠绵情长便倏然离去。爱读书的女人却不会如此，她虽不是鲜花，不是美酒，但她会美得别致，美得让人百般寻味。其实，这都在于灵魂的丰富和坦荡。

别的女人正津津乐道时尚流行、张家长李家短时，爱读书的女人会陶醉在书的世界里，洗涤自己，充实自己，忧伤着自己，快乐着自己。偌大的阅览室内，她一个人阅读，整个世界都会是她自己的，没有嘈杂，没有纷争，没有虚伪，没有疲累，只有愉悦惬意。

爱读书的女人看世界，会觉得天蓝地阔人美。她会把生活读成诗，读成散文，读成小说。对生活，她会真心投入，用心欣赏，心里从不设防。对世人，她从不装腔作势，从不阿谀奉承，总透着一身书卷气、一股清高味。

爱读书的女人，会使生活情趣高尚，很少持续地去叹息忧郁或无望地孤独惆怅，她拥有健康的身体、从容的心态。只要心境能保持年轻，对于年华的逝去就会无所畏惧。

爱读书的女人，更爱家庭，家就是她幸福的源泉。她会把孩子看成自己一生中最杰出的作品；她会把丈夫看成一生中最耐读的书，有情味，含哲理。

对于书，不同的女人会有不同的品位，不同的品位会有不同的选择，不同的选择得到不同的效果，于是演绎出一道女人与书的风景线。这样的女人本身就成了一本书，一本耐人寻味的好书。

书就是女人修炼魅力之路上最值得信赖的伙伴，依靠它，你将不再畏惧年龄，不会因为几丝小小的皱纹而苦恼几天。她已拥有了一颗属于自己的独特心灵，有了自己丰富的情感体验。和她生活在一起，你会发现点点滴滴的生活都书香四溢，充满惬意。

品位不是金钱堆出来的，也不是名牌堆出来的，读书就可获得。当超然与内涵混合在一起，你就会像水一样柔软，像风一样迷人。

3. 学识多一分，魅力增一分

其实，美貌只是一个外表而已，只会带给你瞬间的愉悦，但是不会伴随你的一生。光靠外表当资本的女人应该是最傻的女人。你有美丽的外表，有的女人也有，或许比你更漂亮，这时候的你要怎样才可以胜过她呢？那就只有不断提高自己的学识。

中国有句古训，"以才事君者久，以色事君者短"。当时，年仅14岁的武则天刚入宫时先被唐太宗宠幸，接着又被冷落，可她不甘沉沦。于是在春光明媚的一天下午，她打扮素净、谦卑地去谒见新晋的红人徐惠，恭敬地请求她指点迷津。徐惠的姿色比不过武则天，可皇上偏偏对她宠爱有加。徐惠以一个"女才人"特有的冷静和清醒，看清了皇宫岁月君王恩宠的虚幻无常，她叹道："以才事君者久，以色事君者短。"这话正如当头棒喝，醍醐灌顶般洗涤了武媚娘的心，她一下子就明白了"以才事君者久，以色事君者短"的真理。从此她好学奋进，色与才兼而事之，不久重获唐太宗青睐，也因此让太子李治喜欢上了她，在太宗死后又被李治迎进宫中，先封昭仪，再做皇后，最终成为一代倾国女王。

从古至今都一样，漂亮是有时间参数的。容貌终究会被时光岁月所左右，女人外在的美丽就像一朵娇艳的鲜花，是禁不住岁月消磨的。花容月貌的凋谢只是早晚的事情。红颜薄命，好像也是冥冥中的宿命。如果女人仅仅用漂亮来吸引男人，这就已经为他们的情缘埋下了危险的伏笔。对一个漂亮女人来说，如果你希望拥有长久的幸福，那就尽快放弃漂亮带给你的优越感，像灰姑娘一样努力完善自己才行。

拥有学识应该是很重要的，因为它是帮你完成人生目标的基础。一个女人的美貌是做事情的快捷方式，但拥有学识却会为你所憧憬的目标的实现奠定基石。女人不会因为美貌而可爱，却会因为可爱而美丽，这与修养和素质是分不开的。拥有学识会使自己变得很独立、有主见，能力也是不言而喻的。

拥有学识的女人，才能在美貌的基础上增添几分柔情，增添几分典雅。拥有学识的女人，即使是岁月的轻霜爬上脸颊，也会风韵犹存，也会不失典雅的风范。谈吐不凡，所有的话语从她们的口中说出来，如同春雨般沁人心脾。不论何时，不论何种场合、何种问题，她们都会依据自己的知识，有独特的看法、独到的见解。在别人绞尽脑汁、不知如何解决问题时，她们会根据自己的经验和积累辨明问题，解决问题。

有学识的女人，坚定而自信，典雅而大方，谦虚而好学。有学识的女人才是智能的女人，这样的女人对男人来讲必然是不可或缺的财富。她们是滋润心田的甘泉，是成功喜悦时的激励，是心灵受伤时的抚慰，是一生的珍藏。

因此，女人要想使自己成为一个会学习的女人，一定要在以下三个方面多努力：

（1）学会"点金术"

在学习社会里，你不要再看重"博闻强记"，而是完全可以依靠电脑和网络帮助和扩大自己的记忆；你不要仅仅满足于记住某些知识，更需要应用知识创造性地解决问题。未来，受到推崇的能力是善于探索未知、创造发明和开创新局面的能力，比起记忆能力和计算能力来，这种能力是未来人才的关键素质。因此，学习的目的不仅仅是获取"黄金"，更需要学会点金术，信息社会带来的如此之快的知识更新，人类面临最重要的任务不是获取已知，而是以更高度的想象力学会创造和运用新知识。女人要学会在学习中"离经叛道"、标新立异的创新思维，敢于提出自己的新见解，思考问题不受时间和空间的局限。

（2）掌握崭新的知识结构与学习方法

新世纪，知识创新、知识创造性的传播与应用将成为经济发展的主要动力，高技术产业和以知识为基础的服务业将成为最大的产业。因此，新世纪的人才必须具备崭新的知识结构，掌握新的学习方法与科学的工作方法，把握科学技术发展前沿和不断更新的社会需求，善于运用全球的知识基础和创新工作平台。

学习型的社会建立在获得知识、更新知识和应用知识三者的基础上。面对学习社会的到来，必须围绕"四种基本学习能力"来重新设计、重新组织。"四种基本学习能力"被称为教育的"四大支柱"，也是知识经济时代学习的主要内容，它包括：学知，即掌握认识世界的工具；学做，即学会在一定的环境中工作；学会共同生活，培养在人类活动中的参与和协作精神；学会发展，以适应和改造自己的环境。

（3）知识视野扩大化

知识经济是当今主流，经济的全球化、科技创新的国际化已经成为必然；科学技术突飞猛进，尤其是信息科学、生命科学、认知科学将取得新的突破；人与自然协调发展，东西文化碰撞、融合；科学精神与人文精神交融统一；中国将融入世界经济，参与国际竞争与合作。因此，新世纪的人才必须适应知识经济社会，适应全球化、科技国际化的竞争与合作，在知识、视野上必须全球化、国际化。

女人就像一坛酒，芳香醇正，沁人心脾。有学识的女人仿佛是把这酒醇了又醇，酿了又酿，有种独特的神秘感，引人注目。学识，不仅仅是饱览诗书，通晓琴棋书画，更主要的是一种内在的气质，是一种内涵，是一种聪明的展示，是处世的灵活机巧，是丰富经验的积累，是面面俱到的思考。这种深情，这种语言，如诗如画的意境，只可意会，不可言传。

4. 成功女性时刻不忘充电

时刻充电，增加自己的知识资本。一个缺乏知识和能力的女人，不能为丈夫分担事业上的烦恼和生活上的忧愁，男人们只能在外面拼搏闯荡，而不能在家里倾诉苦闷、放松身心。聪明的女人懂得什么才是避免这类问题的方法——补充知识、提高修养、完善自我。

在封建社会，女人没有知识，社会也无需她们有知识，"女人无才便是德"的俗话给女人的论断做了最好的注脚：那时的女人不重视受教育，而是在家操持家务，承担起照顾全家的重任。

而在现代，女人不再心甘情意地落在男人的后面，她们要和男人平起平坐，要得到物质和精神的双重独立，并且每一个现代女性都清楚地意识到：要得到独立，依靠的不是漂亮的脸蛋和光鲜的外表，而是丰富的知识和才华，只有努力学习，不断在精神上有所进取，才能成为男人一样的独立的人。

因此，聪明的女人并不满足于相夫教子式的家庭地位，她们更懂得时时充电，不断提升自己的知识和能力，以保持自己的独立地位和人格尊严。

杨小姐原来的身份是小工人，每天在一线电机上挥汗如雨，工资微薄；仅仅三年，她改写自己的人生，每天穿着入时，日进斗金，资产上百万元。

　　站在金字塔塔峰的杨小姐，从普通工人变成新鲜的"看房参谋"，提供新的服务，从而一炮打响，并且事业仍在发展壮大，靠的就是她的观念的转变，这也与她一次重要的聊天分不开。

　　一天，杨小姐与一些购房者聊天，她发现购房人有严重的盲从心理。他们往往无法获得购房决策所必需的完整信息，而盲从于开发商的宣传，盲从于邻居、亲友。商品房从规划征地到销售成功，涉及100多个质量验收标准和300多个法律法规，作为购房人根本就不可能完全了解，仅仅是做"一手交钱，一手交货"的一锤子买卖，吃亏的还是购房者。

　　杨小姐留意各类媒体，还发现在全国各地消费者投诉中，商品房投诉量名列前几位，居高不下，都是因为建筑行业太专业，而地产市场还不规范……这里就存在商机，有更大的发展空间！

　　杨小姐想，自己为什么如此胆小呢？放手一搏，说不定明天就是艳阳天！于是只有初中文化的她偷偷报了名，开始了系统地学习。她白天上班，晚上就去电大上课。通过自己的不懈努力，杨小姐顺利拿下了建筑专业毕业证书。

　　1999年国庆黄金周期间，正是楼市最火爆的时候，杨小姐狠狠心，花500元买了一部二手手机，再花200元印制了20盒名片，又向工厂请了一周的假，开始探点儿。报纸广告说哪家楼盘开盘交楼了，不管多远，她一大早就出发，蹬着一辆自行车穿梭于各大楼盘的售楼处，一天顾不上吃、顾不上喝，守在新楼盘外围，给客户推销看房服务，派发名片。

　　一个星期过去了，杨小姐的名片派出了近千张，可是没有接到一单业务。腰酸背疼地躺在床上，杨小姐自己安慰自己：肯定有市场的！只要坚持下去！

野心是真正的无价之宝，杨小姐决心机智地打开市场。某大型楼盘第四期地产项目动土不久，杨小姐以购房者的名义深入施工工地，察看施工质量，从基础开挖到项目封顶，每一道工序都没有落下。

2000年9月，该地产项目公开发售，趁着看房的机会，杨小姐对身边几位准业主说："我建议你们别买A号楼，虽然A号楼户型、朝向和景观都不错，但经过一个雨季，墙垛就会有裂缝。"这几位准业主都不信，笑笑哄哄的：哪有替楼盘算命的？杨小姐递张名片上去，准业主们都不肯接。杨小姐不气不恼："要相信科学。如果明年春季房子果真如我所言，5月1日，我们还在老地方见。"

五一前后，该项目交楼了，那几位业主在A号楼前等杨小姐——A号楼墙垛果真裂了几条缝。其他几幢楼的业主把杨小姐围住了，都来刨根问底。这时，杨小姐才娓娓道来："A号楼在挖基础槽时，没有挖完浮土，便开始捣制垫层和构造柱，经过春雨的下浸，浮土必定下沉，这就导致了承重墙受到牵引而开裂。"

业主们这才服了，趁着还没收楼的关键时刻，都纷纷请杨小姐去看房，杨小姐说："可以，不过每套住房要收取2000元看房咨询费！"贵是贵点儿，可是对于几十万元的一套住房，值得！花点儿小钱可能一劳永逸，业主当然愿意。

2018年5月，杨小姐在这个楼盘一连看了50多套住房，都看出了问题。问题较严重的，劝业主退房，存在问题但不影响使用的，杨小姐便提供解决方案。由于杨小姐的介入，数十户业主退房，同时也导致了这家开发商的高层"大换血"，这在当时房地产开发商中引起了不小的震动。

这次杨小姐赚了10万元，名声大噪，同时也使"看房参谋"成为街头的热门话题，市民渐渐接受了"购房一定要请专家把关"的观点。

"看房参谋"替人看房，又替人免费谈判，让购房人省心不少，增加了看房附加值，老客户带来了许多新客户，如今杨小姐在当地已经赫赫有名，顺利赚到第一桶金，引导事业朝更大的空间发展。

如果你暂时没有成功，没有地位、财富，无关紧要，只要你有知识，有一种贯彻到底的智慧和毅力，把自己当作"蓄电池"，不断给自己充电，就一定能在竞争激烈的社会生存得很好。

5. 学点才艺，不要变成黄脸婆

懂艺术的女人，用聪明的头脑开拓女人的半边天；用坚韧的肩膀，承载生命的辉煌；用纤纤玉手，编织锦绣人生；用一颗平常心，走过岁月的痕迹；用优秀的能力，为生活增光添彩。

古今中外，气质非凡的女性大多都受过一定程度的艺术熏陶：擅长舞蹈的杨玉环，擅长钢琴弹奏的撒切尔夫人，擅长丹青的宋美龄，擅长服装设计的摩纳哥公主斯蒂芬妮……她们无不受过艺术方面的训练，从而变得脱俗。这种后天培养起来的气质，会渗透到你的内心深处，再从你的骨子里散发出来。就是这种味儿，会让你魅力四射、气质非凡。

其实女人天生就具有一种灵性，如出水芙蓉般纯净，似柔风细雨般温柔。若女人有了才艺，更是达到一种极致的美，妩媚中带有书卷气，娇嗔中也带有了超凡脱俗的灵性。或琴，或棋，或书，或画，或舞，或歌。弹琴使女人变得灵巧敏捷，下棋使女人变得心思缜密，书法使女人变得娟秀雅致，画画使女人变得深美韵长，舞蹈使女人变得身材秀美，歌唱使女人变得婉转动听……

如此，她的美才经久不衰，才让人久品不厌。她们既是女人，也是艺术的化身。

西汉时的卓文君就是这样一位卓尔不凡的才艺女子。

据历史传说，蜀中才子司马相如二赴长安，不久就"官运亨通"，得到了汉皇的赏识，官拜中郎将。一登龙门，司马相如自己觉得身价百倍，从此就沉醉在声色犬马、灯红酒绿的生活之中。他忽然觉得卓文君配不上自己了，一门心思想休掉发妻，再另娶一位名门的千金。

司马相如进京后五年一晃就过去了。一天，卓文君正暗自垂泪，忽然京城来了一名差官，交给她一封信，并说大人吩咐，立等回文。卓文君又惊又喜，拆开信一看，只见大白纸上寥寥写着"一二三四五六七八九十百千万"这么一行。卓文君一下子就明白了，当了新贵的丈夫，花了心，而且有弃她之意，这是变着法来刁难她，没想到自己辛辛苦苦等他那么多年，换来的竟是抛弃。卓文君一时悲愤交加，当即写了回书交给了差官。

司马相如满以为那一行数字能难倒卓文君，正做着新欢的梦，不想她回信竟如此神速，赶忙拆开一看，傻眼了，原来卓文君巧妙地将信上的数字先顺后倒地连成了一首既情意缠绵又正气浩然的血泪诗，且看：一别之后，二地相思，只说三四月，又谁知五六年。七弦琴无心弹，八行书无可传，九连环从中折断，十里长亭望眼欲穿。百相思，千系念，万般无奈把郎怨。万语千言说不完，百无聊赖十依栏。重九登高看孤雁，八月中秋月圆人不圆。七月半烧香秉烛问苍天。六月伏天人人摇扇我心寒。五月石榴如火偏遇阵阵冷雨浇花端，四月枇杷未黄我欲对镜心意乱。忽匆匆，三月桃花随月转。飘零零，二月风筝线儿断。噫！郎呀郎，巴不得下一世你为女我作男。司马相如读后十分羞愧，越想越觉对不起这位才华出众、多情重义的妻子。终于用高车驷马，亲自登门迎接卓文君，从此郎情妾意，恩爱百年。

卓文君胜在艺术修养，也就是说女人的魅力在于艺术修养。三分长相七分打扮也罢，浓妆艳抹胭脂花粉也罢，作为女人，再漂亮的外表也经不起岁月的蹉跎、青春的流逝。而汲取了艺术精华的女人，因得到艺术的熏陶，就会变得多姿多彩，摇曳着玫瑰似的风情，流溢着绚丽的色彩，散发出高雅的馨香。而这种内在的气质，才是能够永恒的。

现今的女人虽然用不着琴棋书画样样精通，但是同样也需要具备不同的才艺。一个女子，若写得一手好字，见字如见人，这样的女子也必定是一名绝色的女子；若写得一手好文章，这个女子虽不一定博古通今，也必定是学识广博；若一个女子弹一手好琴，兴趣使然，她必定是一个气质不凡、灵秀俊美的女子；若一个女子善于歌唱，甜美高亢的嗓音，定能引你神思，带你去一片世外桃源；若一个女子擅长画画，不管是花鸟鱼虫，还是人物山水，那她必是心中有丘壑、眼中有美景的优雅之人。另外，现代女人要有现代的品位，现代人所需要的才艺：礼仪、持家、女红、厨艺，会让家充满更多的温馨，会让柴米油盐的俗世生活，增添几分诗情画意。

每个女人都想兼通艺术，这不仅仅需要先天的条件，更加需要后天的培养和训练，在不同的领域和时刻，展示自己不同的一面。究竟怎样才能成为一个才艺女人呢？

（1）正确认识才艺对女人的意义

女人不能只是贪图物质上的富足，呼朋唤友的热闹，要学会才艺。不是因为时尚而努力学习才艺，也不是为了吸引男性的眼球学习才艺，而是从思想上认识到才艺对自己、对家庭、对工作的重要意义。

（2）培养广泛的兴趣爱好

并不是所有才艺的培养都需要从儿时做起，除非诸如芭蕾之类的舞蹈。如果你有所热爱，那么就要有所侧重地去培养，才艺永远不以年龄为界限。不要以为青春流逝后就什么也不存在了，我们的面容虽不能用化妆品彻底粉饰，但我们的生活却可以用饮食和服饰改变，我们的精神可以用艺术去陶冶。

（3）脚踏实地、持之以恒地学习

对于才艺的培养和学习，必须有足够的精力和能力，有持之以恒的精神。学一种东西，并不是用它来丰富物质，亦不是满足虚荣的需求，而是用才艺来完善我们的生活，提升生活的品质，让生活的细节同样精彩。而且不管学习什么，哪怕是插花、烹饪，都需要拥有不断向上的精神，既然想学习它就要把它坚持下来，并且以饱满的热情去对待它，才能最终达到目的。

（4）热爱生活

如果一个女人不热爱生活，她就不会学习才艺，即使学习了，也是没有意义的。只有对生活充满着不懈的热情，才想完善自己的生活状态，提升自己的生活品位。因为热爱生活，所以竭尽可能地去完美生活。这样的女人，或许只是一个能用小刀和剪子剪出各种各样窗花的女人，或许只是一个会用面粉、鸡蛋和白糖制成松软可口蛋糕的女人，或许只是一个会把旧物重新装饰变成一件精美的室内装饰的女人，又或许只是一个慧眼识珠、能够选购面料优良衣服的女人……但不管是怎样的假设，这样的女人就是有才艺的女人，她们眼里的风光，是别致、壮阔和无限的。

第六章

独立有主见，
不依附任何人

　　女人喜欢有人可以依靠，但这不是逃避独立的理由。只有善于驾驭自我命运的女人，才是最幸福的女人。在生活的道路上，女人必须善于做出抉择，要勇于驾驭自己的命运，调控自己的情感，做自我的主宰，做命运的主人。

1. 独立，让女人更幸福

女人独立，不是为了和男人竞争，而是找准自己的位置。独立是一个很高的境界，需要高素质的心态和全新的价值观念。如今，越来越多的女人开始追求独立的生活，这是社会的进步，也是妇女真正的解放。

女人要想从里到外都透出优雅，就应该在经济上有独立感，这种感觉能使她们的精神独立并且有相对坚实的地基。通过经济的独立，她们才能享受到成就的满足感，这种满足感能让她们变得优雅自信、神采奕奕。

的确，有人说，家庭是女人一生最伟大的事业，如果一个女人的家庭是失败的，哪怕她的事业再成功，她也很少有幸福的感觉。一个女人要独立，要成就一番事业，即便不说要有一个温暖幸福的家庭做后盾，也要努力去营建一个幸福美满的家庭。而不能像现在一些女强人，以幸福的家庭生活为代价去换事业的成功。结果物质是丰富了，可是灵魂却开始四处漂泊，无家可归。

当然女人的独立不仅仅体现在物质上，还体现在精神上。如果说男人活在物质中，那么女人就活在精神里。女人的精神世界是无比神秘和无比丰富的。女人的精神独立是对自己的确认。当女人精神世界被别人支配时，就像笼中的小鸟一样失去了自由，同时也失去了美丽的权利。

一个女人嫁给了自己的所爱，是很幸福的事情，如果能够一辈子相守，就是一辈子的幸福，女人的世界就都是男人。然而，男人的世界就会只是这个女人吗？随着时间的消逝，男人要工作，担起家庭的一切责任，他没有那么多时间和精力放在这个女人身上。女人一天在家只是忙家务、带小孩，剩下的时光都在想他，想他此刻在做什么呢。他工作一天回家，累了，一句话都不想说，让她好伤心。在她转身的瞬间，一滴泪珠滑落脸庞。此刻，他不理解她的心碎，她不懂他的无奈。久之，彼此的共同话题也会减少。

是他错了吗？他让自己心爱的女人在家好好享福，不让自己的女人在残酷的职场受到风雨的侵害；是她错了吗？她让这个家干净、温馨，让自己的男人更努力地投入工作。

他们都没有错。如果有错的话，是女人太依赖男人了，除了男人和家庭，没有了其他。久而久之，女人的失落感开始产生了。

不是说一个女人要在事业上如何成功、如何优秀。但是，她一定要自立、自尊，不与这个社会脱节，这十分重要。尤其在这个知识经济的21世纪，女人也必须要学会靠自己生活。

独立的女人是成熟的，像《2046》里巩俐饰演的黑蜘蛛，有着一双看破尘世浮华的淡漠的眼、一张诱人的烈焰红唇，着一袭黑色的紧身小礼服，高贵优雅地出现在众人面前。让人有一种惊鸿一瞥的感觉。《甜蜜蜜》里张曼玉饰演的李翘，则是一位可爱的女人。她是一棵无论在什么情况下都能够茁壮成长的杂草，有着极顽强的生命力，有着独到的见解，虽然相貌平平，但是因为她的独特的个性和爽朗的性格，成为了一个让男人为之心动的女人。还有身残志不残的张海迪，一个深度残疾的女人，凭着自己顽强的意志读完博士，时刻想着为这个社会尽一点绵薄之力。她们因为独立而使平淡的生命显得异常精彩，她们的优雅源自生命的最深处，为自己平添了一份令人赞赏的迷人气质。

历史上，女人总是作为某个男人的附属品而存在，而今时代不同了，女人要了解独立的意义，要相信独立的女人是最美的。我们知道郁金香，它那矜持端庄的花姿、酒杯状鲜艳夺目的花朵，衬以粉绿色的叶片，在花的王国里确是独树一帜。而独立的女人就像这盛放的郁金香，散发着属于自己的芬芳，姿态永远是那么优雅。

2. 女人要摆脱依赖心理

在人与人关系中，只要存在着心理上的依赖性，就必然不会自由选择，不会与人竞争，也就必然会有怨恨和痛苦。由于我们生活在一个相互关联的社会群体中，因此在现实生活中，要保持一种心理独立是很困难的，依赖这种不良的心理就会不时地以各种方式侵入你的生活，而且由于许多人从别人的依赖中可以得到好处，根除这一弊病就变得十分困难了。

我们这里所说的"心理独立"，是指一种完全不受任何强制性关系的束缚，进行完全不受他人控制的行为。这就意味着，如果不存在强制性的关系，你就不必强迫自己去做不愿意做的事。

保持心理独立之所以很难，这与社会环境教育我们不要辜负某些人，如父母、子女、上级以及恋人的期望等因素不无关系。

当然，女人的个人独立并不代表真正的成功，圆满的人生还必须追求一种更加成熟的人际关系。不过，人与人的相互依赖关系必须以个人的真正独立为先决条件。

心理独立是一种能力，也是一种手段，但绝对不是女人的终极目标。通过独立，让自己快乐起来，获得牢固而又稳定的婚姻关系，这才是女人正常合理的主要追求。

女人要实现心理独立，首先就得摆脱依赖他人的需要。请注意，这里讲的是"依赖的需要"，而不是"与人交往"。一旦你觉得你需要别人，你便成为了一个脆弱的人，一种现代奴隶。也就是说：如果你所需要的人离开了你、变了心或者是死去了，那么你必然会陷入惰性、精神崩溃甚至是绝望以至于求死。社会告诫我们，不要总是在等待某些人来安抚你。如果你觉得必须根据某人的意义肯定，你必须着手修正这一误区。

依赖使一个女人失去了精神生活的独立自主性。依赖性强的女人不能独立思考，缺乏工作的勇气，其肯定性也是比较差的，会陷入犹豫不决的困境。她一直需要别人的鼓励和支持，借助别人的扶助和判断。依赖者还会出现剥削者的性格倾向，好吃懒做，坐享其成。

女性可采取以下几种方式来实现心理独立：

（1）在自我意识上制定一份"自我独立宣言"。并向他人宣告，你渴望在与他人的交往中独立行事，彻底消除任何人的支配（但不排除必要的妥协）。同时与你所依赖的人谈话，告诉他们你需要独立行事，并明确你独立行事时的感受和目的。这是着手消除依赖性的有效方法，因为其他人绝不可能知道你处于依赖性和服从地位的感受如何。

（2）敢于说"不"，能够提出有效的生活目标。确定如何在这段时间内同支配你的人打交道。当你不愿意违心行事的时候，不妨回答说"不，我不想这样做"，然后看看对方对你的这一回答的反应如何。当你有足够的自信心的时候，同支配你的人推心置腹地谈一谈，然后告诉他，你以后愿意通过某个手势来向他表明你的这种感觉，比如说：你可以摸摸耳朵或者是歪歪嘴来表示你有自己的看法。

（3）当你感到心理受人左右的时候，你不妨告诉那个人你的感觉，然后争取根据自己的意愿去行事。请记住：你的父母、恋人、朋友、上级、孩子或者是其他人常常会不赞叹你的某些行为，但这丝毫不影响你的价值。不论在何种情况下，你总会引起某些人的不满，这是生活的现实。你如果有思想准备，便不会因此而忧虑不安或者是不知所措，便可以挣脱在情感上束缚你的那些枷锁。如果你为支配者（父母、朋友、孩子或上级等）而陷入惰性，那么即便有意回避他们，也还会无形中受人支配。

（4）运用推心置腹调节自己的意识。如果你觉得出于义务而不得不看望某个人，问问你自己：若别人也出于此种心理状态，你是否愿意让别人来看望你。如果你不愿意，那就应该推心置腹地换位思考一下，"己所不欲，勿施于人"。

3. 女人要有自己的闺中密友

一个人活在世上可以没有金钱、没有事业、没有家庭，但是万万不可以没有朋友！朋友是巨大的财富，女人拥有朋友更是她们的宝藏。许多时候，朋友之间的关心、帮助、体贴胜过兄弟姐妹，胜过夫妻。而且深厚的友情比爱情更隽永、更真挚、更持久。因此，女人一定要有自己的闺中密友。

那么什么是闺中密友呢？"闺"，不单单指闺阁、闺女、闺房的"闺"，还指一个女人在其漫长的一生中，只有同性之间才明白和理解的闺中情怀。女人在她的一生中，总会有那么一个或几个密友，哪怕她们历经铅华、子孙满堂，也不会妨碍其交往。闺中密友的情分，细细绵绵，悠悠长长，一辈子也诉不尽。

真正的友谊是女人一生中最美好的东西，它摒弃了人世间的卑鄙与狡诈等丑恶的现象，而代之以思想情感的默契和支持，形成了为共同事业奋斗的力量。所以，女人在一生中必须交几个属于自己的闺中密友。只有交到了自己的闺中密友，你的心才会有人了解。

厚实的大城门上挂着一把沉重的巨锁，铁棒、钢锯都想打开这把锁，以显自己的神通。

"我这么粗大，坚强有力，纵使这把锁再坚固，我相信凭借我的力量，也能把它打开！"铁棒自以为很有办法，相信自己一定可以打开这把锁。可是它在那里努力了半天，一会儿撬，一会儿捶，一会儿砸，费了很大的力气，最后还是没有办法把门打开。

钢锯嘲笑它说："你这样是不行的，要懂得巧干，看我的！"只见它拉开架势，一会儿左锯锯，一会儿右拉拉，可是那把大锁依然丝毫未动。

就在它们两个垂头丧气的时候，一把毫不起眼的钥匙不声不响地出现了。

"要不我来试试吧？"小小的钥匙对两位气喘吁吁的败将说。

"你？"铁棒和钢锯都不屑一顾地看着这个扁平弯曲着的小东西，然后异口同声地说："看你这副弱不禁风的样子，我们都不行，你还能行吗？"

"我试试吧！"钥匙一边说，一边钻进锁孔，只见门锁"啪"的一下松动了，接着那把坚固的门锁就打开了。

"你是怎么做到的？"铁棒和钢锯不解地问道。

"因为我最懂它的心。"钥匙轻柔地回答。

闺中密友是我们真正的知心朋友，在我们感到孤独的时候，她们会给我们慰藉；在我们感到恐惧的时候，她们会增强我们的安全感；在我们渴望安静的时候，她们会给我们时间，让我们一个人保持安静，就像钥匙最懂锁的心一样，她们也最懂我们的心。

在现代人的生活中，往往不缺少朋友，不缺少饭局，但当饭局过后自己仔细回味的时候才深刻地体会到，这些朋友不是有求于己就是志不同、道不合之人，没有一个能说上知心话。而且随着女性逐渐走向成熟，很多时候，女人的时间会被家庭、爱人、孩子、工作等事情所占据，和朋友的联系会随之减少，一旦自己想找人说说心里话的时候，才发现自己已经好久没和这些朋友联系了。

友谊和爱情对女人来说，无论什么时候都是同等重要的。所以女人无论结了婚还是有了孩子，千万不要排斥掉自己从前的一切朋友，要保持你从前和朋友们在一起时的情趣、爱好，保持自己的除了爱情以外的一切感情联系，这样你的生活才会更丰富、更完善，你才会得到友谊、爱情双丰收的结果。因此，女人应该给自己一定的时间和闺中密友相处。这样你的心里话才会找到述说的地方，你的生活才会更绚丽多彩，你的心理系统才会更强大，你的生活质量才会更高。

一般来说，女人需要以下几种类型的闺中密友：

同党型。不管给乐趣下什么样的定义，女人总是需要有人和她一起分享，这就是同党型闺中密友。女人可以和她一起逛街、做美容、喝咖啡、聊八卦……这给了女人一种享受生活轻松一面的方法。

慈母型。慈母型的闺中密友除了在参加约会时会提供女人最基本的陪伴外，更好的是她明白这样的游戏规则：你谈论你的孩子，我假装着迷得很，然后我们再交换彼此的角色。女人会很自然地被慈母式密友所吸引，因为她像母亲一样和蔼可亲。这类朋友是女人不可或缺的，因为她值得女人信任和依靠，包括她能在家庭生活方面给予女人不少指导，甚至包括夫妻间最隐秘的私生活部分。

知己型。知己型的闺中密友是女人最喜欢的朋友类型。佳佳从大学时代起就有这样一位密友，她很喜欢这位叫小双的好友的原因是："她认识我的时间很长，非常了解我。她总认为我是一流的。我可以毫不迟疑地告诉她任何事，决不担心会有苛刻刺耳的意见。我完全信任她。"每个女人都需要一位"小双"，一个可以时常给自己肯定和赞扬的密友，这是女人保持自信的法宝。

闺中密友的友情细细绵绵、悠悠长长，一辈子也诉不尽、道不完。在很多时候，女人有了闺中密友，就有了抵抗人间冷暖的厚度。无论快乐还是烦恼，都不再是一个人的事，好事加倍享受，忧愁也会减半。

女人要珍惜身边的闺中密友，她们会是你最好的倾诉者和倾听者。有时候，她们的观点会让你走出迷茫，看清楚自己所处的位置，给你以很大的帮助，成为你重新振作的力量源泉。那些闺中密友，会是女人一生的影子，无论你走得多远，回头一望，她们还跟在你的身后，给你力量和支持。

4. 自强的女人是最有魅力的

人们常说："女人是水做的。"一般情况下，人们大都认为，女人是弱者。但是在关键的时候，尤其是作为一个母亲时，人们时常又会发现女人坚强的一面。

有人赞美白领女性是天仙，他们看到的是白领女性柔弱、美丽、善良的魅力；有人称颂白领女性是女神，他们看到的则是白领女性坚强、能干、奋斗的力量。称仙也罢，称神也好，白领女性的伟大与美丽绝不仅限于外表，她的内心潜在的一种热情会让人震撼，她的胸中涌动的一种精神会让人敬仰。

一个白领女性，她所具有的特殊的性格，会造就独特的魅力，这种魅力会使她区别于其他人，独树一帜。这种性格通过言行举止、衣着装扮表现出来，就会形成一种气质、一种风度，它会帮助白领女性在人群中自然而然地凸显自己，为人们所认识；同时，在无形之中也会对别人产生某种影响力，激发别人的信心和兴趣。

白领女性的坚强来自她们能把自己本身所具有的聪明与灵性、勤奋与追求调动出来；来自她们善于独自思考，而且不甘平庸，勇于走自己的路。所以，精明强干的白领女性往往有着自己独特的行事作风和处世原则，能展示其独特的个性，使别人了解自己、注意自己。这样，很有可能吸引到一大批的志同道合者，共建美好事业。从这个意义上说，白领女性的坚强无疑是一种力量，更是一种财富。

当今的世界，女英雄、女强人比比皆是，她们奋斗在社会舞台的方方面面，和男人平分秋色，大有巾帼不让须眉的豪迈。这样的女人，一改千百年来的"陪衬""附属品"的角色，不但掌握了独立的经济与自由的权力，还在掌握了自己命运的同时，赢得了男人的欣赏和尊重。

自强的女人是最有魅力的，她们知识丰富、有思想、有独立追求，对婚姻、家庭都有独特的看法，不容易受到古老的陈规旧习的左右。她们给婚姻、家庭以及性道德观念带来的冲击力远远大于男人。

其实，现实的社会已赋予女人各种各样的角色——女儿、妻子、母亲和劳动者，这些角色同时也带给女人很多同男人一样的压力，她们不但要为生活而活，也要为自己而活。在这种多重角色中，许多女人已经变得坚强起来。

首先，是社会的多重角色让女人坚强起来。女人往往是家庭的主妇。做女儿时，为了能减轻母亲的家务负担，很小的时候就围着母亲忙前忙后；做妻子时，有条不紊地操持了小家庭的全部生活；做母亲时，更是有着不可推卸的重任，从孩子的第一声啼哭直至自己生命的结束都在牵挂中度过。这种种的角色有别于男人，这种种的责任也练就了女人坚忍不拔的意志和朴实勤劳的本性。如果女人不劳作，家庭何以有序运转；如果家庭不有序运转，男人何以解除后顾之忧；如果家庭有了忧患，男人和女人又何以成就事业……这样地细数下去，女人便成为了家庭和社会稳固的轴心，不可或缺。再柔弱的女人也要挑起家庭的重担，所以女人怎能不坚强？

其次，是男人让女人坚强起来。如果男人能卸下女人的一部分重负，有些女人或许可以轻松一下；如果男人都给女人一个坚强的臂膀依靠，有些女人也不会硬挺着不要；如果男人都事业有成让生活衣食无忧，有些女人也不会选择超负荷的劳动或失去尊严的职业；如果男人忠于爱情，女人也不会从痛苦中艰难跋涉……在男人不做或做不了的时候，女人只能选择坚强地面对。

再次，是女人让自己选择坚强。女人除了为社会而生、为家庭而生以外，女人还要为自己而生。女人天生不是奴隶，也不是女皇，她应该有自己选择的生活空间。只有这样，女人才不失为一个生命来到世上一次。就像花儿曾经美丽过、鸟儿曾经自由过一样，女人也要为自己留下点什么，哪怕是小小的一点心愿、细微的一次感动、寻常的一个习惯也好，至少女人还记得自己的存在、自己的价值。而且女人选择了坚强的同时也减少了对自己的伤害。女人可以把苦难的日子当成是一种走向幸福的过程；女人可以把沉闷的家庭劳作当成是自我锻炼的选择；女人可以把对孩子的培养作为自己的奋斗目标之一；女人可以把负心的男人放下而当成是命运的一次玩笑；女人可以把所有的爱好和娱乐当成生活对自己的馈赠……女人只有在选择了坚强，选择了不依附别人（至少在精神上）的情况下，才会真正地体会到生活的乐趣，生活的阳光。

自强的女人有着与众不同的独立意识，有着自己的理想与追求，也有着丰富的知识与智慧，更有一颗坚强的心。她们不需要依附于任何人，她们一路走来，努力地工作，挥洒着自强、自爱、自立、自尊的激情。也正因如此，"努力工作的女人最美"才成为颇为流行的一句带有时代标签的广告语。女人是否自强，已成了男人衡量与欣赏女人的一条必不可少的准则。在不同的时期社会对女人的价值与美丽有不同的评判标准，不同时期的女人在男人心中所处的地位也不同。在以前那种以女人外表形象做评判标准的社会里，女人作为一种陪衬角色而依附于男人。因为，那时的女人只能靠男人养活，也难免让男人有些瞧不起，更没有什么社会地位可言。在经过一系列的过程之后，女人才开始走入社会，协助男人共同支撑起一个家庭，这时的女人在男人心中才有了应有的位置。

自强让女人获得了尊敬，获得幸福。自强的女人了解她们自己是什么样的人、相信什么，了解自己在现实生活中所扮演的角色和潜在能力，以及将来要去承担的角色和要达到的目标。她们从经验中，或凭借着洞察力、反馈信息的判断力，不断学习和加深对自己的了解。总之，她们靠自己的智慧赢得了人们的尊敬。

所以说，自强自立是赢得男人欣赏与尊重的不二法门，也应该是一个女人生存的座右铭。在当今的社会中，自强的女人所表现出的自信、从容和为理想竞折腰的精神，焕发出无比耀眼的光华，成为男人眼中无可匹敌的美丽。

5. 不要让男人左右了你的独立

说到女人的独立，人们就会想到一个高举红旗、坚决与男人进行抗争的女人形象。这种形象曾在全世界被广泛宣传，以至于不少人认为女人独立就是那个样子。实际上女人独立并不在于与男人的抗争中，而在于找准自己的位置。独立是一种很高的境界，它需要高素质的心态和全新的价值观。现代社会已很开放，制约女人独立并使女人在追求独立过程中吃尽苦头的是女人自己。

对女人来说，感情上的独立更为重要，因为男人是活在物质中，女人却活在感情里。女人的感情是无比神秘和无比丰富的诱人世界。女人感情上的独立是对自己的确认。当女人感情世界被别人支配时，这个女人就十分地悲哀。女人可以在自己的感情世界里建立起一个美好的王国，当她自豪地感觉到自己是这个王国的女王时，就会在现实生活中找到自信。女人感情独立还体现在她思想是受自己支配，而不是为别人盲目修正自己的行为。

有一家很出名的时装公司，老板就是一个成功的女人，她不仅开着最新款的奔驰，还有很多社会头衔。令人深思的是，她最近告诉心理咨询师，她想自杀。这个公司的女老板多年一直在拼命追求女人的独立。表面看她也独立了，但正是这种独立剥夺了她作为女人的特性——她已不像女人。有些慕名求见的男人，在去见她的路上还迷情幻想，但出门时就像见了女张飞，只说她义气。她按竞争社会的需求来要求自己，结果令性别模糊，男人将她视为兄弟，女人称她为大姐。有不少这样的女拼搏者，都为追求独立而迷失了自己的性别。她们是痛苦的，当忍受不了这种痛苦时，就想自杀。但她们不会去自杀，她们已习惯错位思考，连自杀的念头也是错位和不真实的。她们会继续去拼搏，这是她们的价值之所在，不过她们永远不会有幸福才是真的。

女人独立的目的不是消灭自己的本性，如果是这样，独立还有什么意义？

总之，独立的女人有独立的人格。在经济上不依靠任何人，因为她懂得坚实的经济基础是维护自我尊严的必需。在感情上能自我做主，知道自己要什么、不要什么。通过个人与经济的独立，她享受着成就的满足感。在感情的世界里，独立的女人再也不会是某个男人的附属品，她们所追求的是自我的价值与目标。虽然都想拥有一个幸福快乐的家庭，但也不会再为不爱自己的男人去流泪，也不会因为男人的承诺而用一生去等待，她只相信自己，让自己做一个完完全全独立的女人。

6. 夫妻之间要有自己的独立空间

许多婚姻方面的专家认为，如果你真正爱对方的话，有时对一些特定的想法和感受反倒要秘而不宣，甚至要撒一点谎。

有一对老夫妻，结婚四十多年了，感情一直很好。丈夫老向外人夸奖妻子的蛋糕烤得好。有一天，一位邻居的主妇向老太太请教烤蛋糕的秘诀。老太太告诉了她一家蛋糕店的名字，说："其实我的蛋糕都是从这家店里买的，只是我的先生并不知道。夫妻之间有时也需保留一些小秘密。"从此，这位邻居主妇的丈夫也逢人就夸妻子烤蛋糕的手艺，两人的感情自然也比以前更融洽了。

那么，什么话该告诉你所爱的人、什么话不该告诉他（她）、什么时候才能告诉呢？对此有下列建议，你可以从中检验自己爱情和诚实的睿智。

不要指出配偶的一些无法补救的缺点。例如，一位妻子的腿短些，她问丈夫："你是否希望我是个身高长腿的姑娘？"她说得不错。可她的丈夫如果照实回答肯定会伤她的心，因为身材矮小是天生的，无法补救。因而丈夫可以将事实修饰一番来满足妻子的愿望。他可以这样说："如果我想找个高个的，我早就和那样的女人结婚了。而实际上并非如此，我娶了你，我就爱你这样。"这样回答肯定会让妻子满意，因为丈夫强调了他更爱妻子具有的、比长腿更有意义的特质。

但是，对于一些可以改正的坏习惯或坏毛病，你应该告诉爱人，但要注意选择适当的时机和方式。不要当众指责他（她），这会损伤他（她）的自尊心，从而引起他（她）的不满；不要在亲密的时候说，这样会破坏气氛，容易伤害感情；也不要在对方心情不好的时候说，这等于是火上浇油，只会使他（她）心情更不好；不要在两个人激烈争吵的时候说，因为争吵时人最容易冲动，这时候指出对方的毛病，只会越吵越厉害。告诉对方缺点时，态度要诚恳，不要让对方以为你在挑他（她）的刺儿，或者你看不起他（她）；要让对方觉得你是在关心他（她）、是把他（她）当作一个亲密的人才说这些，而且要帮助他（她）改正。

不要把已经过去的恋情告诉你的配偶。女人比较喜欢问"我是不是你最爱的人"这类的问题。如果一位妻子问丈夫这个问题，而丈夫在她之前曾有一位恋人，他很爱她，但她由于车祸去世了，丈夫该不该告诉妻子这个事实呢？专家们认为，丈夫不应完全直说。因为这段感情已经过去，他妻子也不能改变这一现实，他说出心里话只会伤她的心。如果他不想撒谎，他可以说："我现在最爱的人当然是你，你都已是我的妻子了。"他并没有撒谎，他过去的恋人已经去世了，在现在的人中他最爱的的确是这位妻子。

还有一些话，把它藏在你内心的深处，它使你感到内疚和压抑，你想把它告诉配偶。如果把这些话说出来，可以减轻你内心的负担，同时也不会给你的配偶造成心理压力，那么你不妨说出来；如果说出来，虽然能减轻你心里的痛苦，但也会给你的配偶带来负担，那你就权衡一下，看是不是值得这么做，是否会伤害夫妻感情。可是如果这些话你说出来了，既不能减轻你自己的负担，又会给配偶带来压力，那么你最好保持缄默。例如，丈夫在外边曾有过一段秘密恋情，现已结束，但他仍然深感内疚，他想把一切告诉妻子以求得其宽恕。可有的专家认为，丈夫最好独自承受这份精神负担，或是寻求心理医生的帮助，把负担分给妻子是不明智的，同时也是不公平的。

保密造成的隔阂令人痛心，但如果说明某事仅仅是为了减轻自己的负担，而不管对配偶的影响，那么缄默可能是更负责任的表现。生活告诉我们，对那些"载入史册"的隐私，只要悔过自新，就没有必要"曝光"。

可见，问题不在于是否诚实，而在于诚实的时间和方式，以及怎样做才最能表达你对配偶的爱。

其实，夫妻之间存在点隐私，各自在心灵的某一处保留一片绿洲，使夫妻关系保留一点神秘感，更能增加彼此的吸引力，使婚姻更幸福、更美满。

通常，人们认为女性更容易保留隐私。在夫妻关系中，妻子固然会有不少隐私，不愿向丈夫透露；而丈夫也有自己的秘密，是属于女性莫问的范围。

丈夫通常对妻子隐瞒自己的秘密。这些秘密，往往是那些足以损害他们大丈夫形象的事情。以下就是丈夫们认为有损他们男子汉形象，不能向妻子承认的"真话"。

关于对事业和工作所产生的焦虑。绝大多数男性，都以事业和工作上的成就作为个人形象评价的标准。因此，在妻子面前他们只夸耀自己事业上的成就。但是，私下里，他们对自己的本领并不如表面上所炫耀的那么信心十足。他们经常怀着一种恐惧感，深怕自己的表现不如他人，但是这种恐惧感，他们绝不会向妻子透露，以免损害自己的男子汉形象。

其实，这种隐瞒是没有必要的。据调查，大多数已婚妇女承认，她们希望丈夫能告诉自己在工作中遇到的麻烦、事业上的不顺心甚至失败，她们愿意分担丈夫对事业的担忧和恐惧。她们并不认为这有损他们的男子汉形象；相反，对于他们敢于承认失败，妻子们认为这是一种有勇气的表现。同时，她们认为能为丈夫分担忧愁是两人亲密关系的一种表现，更能促进婚姻美满。

在语言表达能力和对事物反应方面。一般来说，男人灵敏迅速的程度较女人略逊一筹。在这方面，丈夫们经常受到威胁，但他们却不愿妻子知道自己的短处。他们护短的手法是沉默寡言。除非他们对于某些事物有足够的认识，否则就不会随便开口，言必有中是他们的藏拙武器。

经常听到有的妻子说："我家那位虽然话不多，可很有见地，一句能顶十句。"如果她知道了丈夫"话不多"的真正原因以及在说出"能顶十句"的一句前要经过多么痛苦的思索，她恐怕不会再用"很有见地"来评价了。

所以，"沉默是金"和"好男不与女斗"这些话，肯定是男人们想出来的。

对情绪方面依赖性的隐瞒。有的男人尽管外表一副铁汉本色，其实情感相当脆弱，在情绪方面依赖性极强。不过，丈夫大多数不愿意让妻子知道这种弱点，因此，他们在情感和情绪方面都故意表现出冷漠，不轻易表达内心真实的感受，以免暴露弱点。对这一点，妻子们有不同的评价。

有的妻子认为，男人就应该像男人，"男儿有泪不轻弹"，这才是英雄本色。更何况，妻子们把丈夫看作是自己终生的依靠，当然希望丈夫是个坚强的汉子，为自己遮风挡雨，提供避风的港湾。

有的妻子却不这么想。她们认为丈夫向妻子表达他们的情绪和感受是很正常的，也是必要的。这不会使她们觉得丈夫软弱，不会损害丈夫的形象。丈夫在妻子面前自然地流露出自己的喜怒哀乐，会让妻子觉得丈夫是有血有肉的真男儿，会让妻子了解到"男人更需要关怀"。

隐瞒非分之想。有的男人会对妻子以外的女人加以特殊关注。当然，这种非分之想只能暗藏心底，绝不会坦然表露，更不想让妻子知道。

可惜丈夫竭力想隐瞒的东西，妻子早就知道了，所以她们时时盯牢丈夫，以免他拈花惹草，同时心里也在暗暗叹息：为什么男人总是这么花心呢？英国唯美派诗人王尔德在他的《理想丈夫》一书中，通过一个女人的口说道："男人一旦爱上了一个女人，肯为她做出他可能做到的任何事，除了一样，就是不肯爱她到永恒。"

其实，男人不仅在对妻子的感情上不能集中全部精神，他们无论做什么事都不容易全神贯注。譬如，边吃饭边看报，对他们来说绝非难事。同时兼顾几件事，这是他们的专长，吃饭、看报同时进行，还算小意思，有些男人就有边看电视足球赛的转播，边剪脚趾甲，又边听收音机播放的相声节目，还偶尔会心一笑。真是天大的本事！

由此可知，注意妻子以外的女人，说穿了，是他们"同时进行数件事"的癖性使然。所以妻子也无须太介意，只要没有越轨行为出现就可以原谅。

　　隐瞒对性能力的担忧。当男性对自己的性能力是否令对方感到满足而忐忑不安时，他们绝不会告诉妻子，因为他们认为承认自己在性方面的无能，是最丢面子的事，是最没男子汉气概的表现。因此，作为妻子也不要在这方面去刨根问底，更不要在这方面讽刺、挖苦丈夫。

　　正如一位外国心理学家指出：忠诚于一个人，就要求做到谨慎、得体、保护、慈善、克制和敏感，这种要求比只是"告知真相"的简单原则不知要复杂多少。但另一方面，谎话和秘密容易加大夫妻间的距离，使夫妻之间产生隔阂。因此，在处理夫妻关系问题上，最重要的一点是把握好"度"，夫妻间应做到既有适当的"透明度"，又有适当"隐秘区"，这样才能使夫妻关系保留一点神秘感，增加双方的吸引力。

第七章
坚守个性，
内心强大到做自己

　　一个不将就的女人必须要有个性化的气质，才能赢得大家的青睐，才能表现出自己独特的魅力，以此吸引众人的目光。其实"独特"并非想象的那么难，尊重自己的个性，坚守自己的个性，在女性群体中，你就能出类拔萃。

1. 女人应该保持自己的本色

　　一个人的个性应该像岩石一样坚固，因为所有的东西都建筑在它上面。所以说每个人都应该保持自己的本色。

　　"保持本色的问题，像历史一样的古老，"詹姆斯·高登·季尔基博士说，"也像人生一样的普遍。"不愿意保持本色，即是很多精神和心理问题的潜在原因。安吉罗·帕屈在幼儿教育方面，曾写过13本书和数以千计的文章，他说："没有比那些想做其他人和除他自己以外其他东西的人更痛苦的了。"

　　在周围的人似乎没有一个符合你的标准时，那你就应该检查一下自己的尺度了。

　　在个人成功的经验之中，保持自我的本色以及自身的创造性去赢得一个新天地，是有意义的。

　　著名的威廉·詹姆斯曾经谈过那些从来没有发现他们自己的人，他说一般人只发展了百分之十的潜在能力。"他具有各种各样的能力，却习惯性地不懂得怎么去利用。"

　　你和我有这样的能力，所以我们不应再浪费任何一秒钟，去忧虑我们不是其他人这一点。在好莱坞尤其流行这种希望能做其他人的想法。山姆·伍德是好莱坞的最知名导演之一，他说在他启发一些年轻的演员时所碰到的最头痛的问题就是这个：要让他们保持本色。他们都想做二流的拉娜·特纳，或者是三流的克拉克·盖博。"这一套观众已经受够了，"山姆·伍德说，"最安全的做法是：要尽快丢开那些装腔作势的人。"

在人类历史上，你是独一无二的，应该为这一点而庆幸，应该尽量利用大自然所赋予你的一切。归根结底说起来，所有的艺术都带着一些自传体，你只能唱你自己的歌，你只能画你自己的画，你只能做一个由你的经验、你的环境和你的家庭所造成的你。不论情况怎样，你都是在创造一个自己的小花园；不论情况怎样，你都得在生命的交响乐中，演奏你自己的小乐器；不论情况怎样，你都要在生命的沙漠上数清自己已走过的脚印。

卓别林开始拍电影的时候，那些电影导演都坚持要卓别林学当时非常有名的一个德国喜剧演员，可是卓别林直到创造出一套自己的表演方法之后，才开始成名。鲍勃·霍伯也有相同的经验。他多年来一直在演歌舞片，结果毫无成绩，一直到他发展出自己的笑话本事之后，才有名起来。威尔·罗吉斯在一个杂耍团里，不说话光表演抛绳技术，持续了好多年，最后才发现他在讲幽默笑话上有特殊的天分，他开始在耍绳表演的时候说话，才获得成功。

玛丽·玛格丽特·麦克布蕾刚进广播界的时候，想做一个爱尔兰喜剧学员，结果失败了。后来她发挥了她的本色，做一个从密苏里州来的、很平凡的乡下女孩子，结果成为纽约最受欢迎的广播明星。

金·奥特雷刚出道之时，想要改掉他得克萨斯的乡音，为像个城里的绅士，便自称为纽约人，结果大家都在背后耻笑。后来，他开始弹奏五弦琴，唱他的西部歌曲，开始了他那了不起的演艺生涯，成为全世界在电影和广播两方面最有名的西部歌星之一。

在每一个人的教育过程中，他一定会在某个时候发现，羡慕是无知的，模仿也就意味着自杀。

不论好坏，你都必须保持本色。

自己的所有能力是自然界的一种能力，除了它之外，没有人知道它能做出些什么，它能知道些什么，而这些是他必须去尝试获取的。

性格是一笔财富，拥有一个可爱的性格，会使你一辈子受用无穷。

坚守自己的个性，在女性这座百花园中，你同样是朵奇葩！

世界上所有的珍贵东西，都是不可仿制的，是绝无仅有的。作为女性大家族中的你，也是这个世界上独一无二的。

你完全可以把巩俐、张惠妹当作心中的偶像，完全可以惊叹杨澜、张璪创造的惊人财富，但你千万不可对自己妄自菲薄，从心中小视了自己，尽管自己存在着这样那样的缺陷。

或许你不如巩俐美，或许你的财富和杨澜比起来显得微不足道，但你大可不必东施效颦，自惭形秽，你的勤奋刻苦，你的自强不息，谁又能不承认是人生的一大亮点呢？

世界上没有两片完全相同的叶子，即使你是双胞胎，姐妹俩在言谈举止等方面有诸多的相似之处，但在对你倾心的人心中，你依然是一枝独秀，是人世间任何一个"她"都无法比拟和取代的。

自古至今的一句老话叫"尺有所短，寸有所长"，想想真的很有道理。

她有她的优势，你有你的长处，没有太多的理由拿自己和她去对照，更没有通过自己的有意的对比而给自己心理造成某种压力的必要。

唐代大诗人李白曾说"天生我材必有用"。既然如此，人家是块金子能闪闪发光、灿烂夺目，我是块煤炭就熊熊燃烧、温暖世界。

个性就是特点，特点就是优势，优势就是力量，力量就是美。

为了模仿她人而削足适履，是愚者所为。

为了追随时尚而趋之若鹜，汇聚在一起的是成堆的商品而非艺术。

尊重自己的个性，坚守自己的个性，在女性的百花园中，你同样是朵奇葩！

2. 用个性展示女性的独特魅力

你也许会以最漂亮、最新款式的衣服来装扮自己，并表现出最吸引人的态度。但是，只要你内心存有贪婪、妒忌、怨恨及自私，那么，你将永远无法吸引别人，却只能吸引和你同类的人。物以类聚，人以群分。因此，可以确定，被吸引到你身边来的，都是品格与你相同的人。

个性色彩强烈的女性，常具有一种震撼人心的魅力，这是因为她常能掀起心灵的风暴，从风度、气质上表达丰富的内心世界和深层的吸引力。她们大多具有很强的自尊心、自信心和进取心。她们大多能从本质上和微妙的情感意识上排斥传统女性所特有的脆弱性和依附性。她们并非排斥古典优美的女性文化，但绝对排斥古典女性的意识水平。她们立志崛起现代女性的鲜明个性，展示当代女性的独特魅力。

个性是美丽的基础，能战胜自己才能赢得胜利。人格与独立的力量，是进行真正、有效美丽的基础。真正的美丽来自掌握自我。如果女性的动机、言语和行动，是来自人际关系的技巧（个性面），而非来自内在的核心（人性面），别人就会感受到那种不安全感或表里不一，女性就无法创造并维护自己的美丽形象。

下列三项人格特征对完美形象是相当重要的：

（1）正直。正直是一种自我价值观。女性如果清晰地确定自己的价值，每日积极主动地权衡轻重，排出优先顺序，并信守承诺，就能培养自知之明与美丽形象。如果不能付诸实施，所有承诺都将毫无意义。你心知肚明，别人也不是傻瓜，当别人感觉到你表里不一时，就会起戒心。

（2）成熟。成熟是兼顾勇气与美丽之后的产物。成熟的女人有勇气表达自己的感情和对美丽的看法，同时兼顾他人的感情和信念。女人如果缺少成熟的心智和情绪上的力量，就会试图借助地位、权力、年龄、关系、资格等来影响别人。

勇气重在完美自己上，体谅则重在长期的利益上。成熟美女的基本任务，就在于提高所有相关人士的生活品质和水准。

　　（3）丰富的心智。首先女性要有一个信念：美丽人人都有份。这种心智源于丰富的个人价值观和安全感。它主张所有人都应分享美丽和责任。它造就许多创造性的新机会，将个人的美丽和充实向外传达；相信积极的沟通、成长与发展，会带来无限的美丽机会。

　　特殊的个性，会造就一个人的独特魅力，这种魅力会使你有别于其他人，独树一帜。你的个性是通过言行举止、衣着打扮表现出来的，也可通过你独特的行事作风和处世原则表现出来，它会形成一种气质、一种风度。它会帮助你在人群中自然而然地凸显自己，为人们所认识；在无形之中也会对别人产生某种影响力，激发别人对你的信心和兴趣，你也可能因而吸引到一大批的志同道合者，共创美好的事业。从这些意义上讲，个性是一种力量，更是一种资产。

　　显而易见，你要推销自己，无论是去求职，还是在工作中让你的上司和同事接受你、重视你，都应力求创造出自己鲜明的个性。如果你是一个毫无特色与魅力的人，人们凭什么要接纳你、重视你、提拔你？只有凸显你的个性形象，进入人们的心目中，你在自我推销中才会取得成功。

　　个性包括许多方面，包括独有的气质、性格、特长等。其实，每个人都有自己的特色和优势；只要善于发掘，加以塑造，你具有个性特色的自我形象就会显现出来。

　　许多女人深为资源不够分配所苦。她们将生活看成是一块固定的蛋糕，当别人拿走了一大块，自己的那份就少了。有这种心态的女人很难与人分享赞美或声誉。她们对于别人的美丽，甚至家人或亲密朋友和伙伴的美丽，不能与有荣焉。当别人得到特别的认同或成就时，就像是从她们身上割下一块肉似的。

正直、成熟、愿意与人共享的女人，势必拥有超出社交技巧之外的真诚。这种女人的人格魅力不断由内而外四处散发、传送。

具备高尚人格的美女，会学习管理生活中的每件事，如时间、天赋、金钱、财物、关系、家庭，甚至自己的身体。她们知道，为了做完美女人，必须运用所有的资源。她们也希望能交出值得欣慰的答卷。

"施比受更有福。"当女人们肯定别人，并坚信别人有成长与自我改善的能力时，当别人诅咒或批评她们、她们仍不以为然时，其实就已经培养了完美形象。

女性必须在人格和能力上下功夫，以塑造自我完美的形象。记住：若想改善一个计划，就先在规划者身上用心。创造美丽形象、魔鬼身材与个性风格的是人，美丽与风格只不过是女人的四肢和心智的延伸。

女人是美丽的天使，但是必须自己懂得珍爱，才能把美丽当作资源来开发。

3. 个性，女人的财富

个性是个很特殊的词，这个词与漂亮、好看等有着不少区别，它本身具有很丰富的含义，蕴含着一种圣洁迷人的光环。作为女人，谁不希望自己是独特个性的"这一个"？

全面地了解自己的个性，并把握和完善它，个性也会成为女性成功的财富。女人的个性就像七彩的服装一样，各有不同，色彩斑斓。下面是10种不同女性的个性，认真比照一下，看看你属于哪一种"个性美女"。

（1）消费型

随着时代的快速发展，当今社会上出现了许多青春靓丽的公关小姐、女秘书或从事高级服务工作的女职员，她们用青春做赌注，利用自己的种种优越性拼命地挣钱，拼命地享乐。渐渐地，她们被称"逍遥消费型女性"。

她们常出入高级饭店、宾馆、购物场所，手里有大把大把的票子，喜欢无拘无束的生活。她们不考虑将来，不愿意为未来而过于费神，要的是现在，只要今天快乐就行，不愿在紧张的工作与学习之余再给自己"添堵"。她们常常穿着奇装异服，追求高档次、高格调、高价格。这些女孩在恋爱过程中喜欢与自己有共同嗜好的男性或有强大经济实力的大款交往。

这样的女性，应该避免自以为是，要倾听友人的劝告，要知道，再美的花朵也有凋谢的一天，不要等到梦醒时，才恍然大悟。

（2）畏首畏尾型

科技在不断发展，生活节奏在不断加快，但有些女性越来越缺乏自信，特别是走向社会后，发现自己柔弱得像株小草，经不起风吹雨打。特别是经历了几次挫折后，便决定循规蹈矩地做人，四平八稳地做事。表现为办事思前顾后、畏首畏尾，缺乏创意。她们喜欢穿洁净高雅的服装，生活上从不奢侈，喜欢做家务或做手工。这样的女性易于和知识层次较高的男性恋爱，不慕金钱，讲求人品、家境。

这样的女性，应忌滋长对他人的依赖意识，加强自信心和适应外界环境能力的培养。

（3）自我型

这样女性为了拥有一个更加辉煌灿烂的明天，她们不断地给自己提出更高的要求。为了使自己的所作所为被众人肯定，不惜花钱学习舞蹈或其他专修课程，甚至满怀野心地自己投资兴业，在有限的时间内，极力塑造理想的自我形象，提高自我地位。这样的女性自我意识很强，很难把别人看在眼里，常常用金钱和时间来充实自我，当然比一般女性更具魅力。这些女孩喜欢着装高贵、脱俗。她们喜欢和极赋天才的男孩交朋友，恋爱充满了浪漫。

这样的女性，应忌人际关系艰涩，给人一种高处不胜寒的感觉，看不起弱者。

（4）保守型

此种女性总是以尽快成为一个真正女人为目的，在任何场所都守规矩，绝不会给他人添麻烦，不说他人不爱听的话，很少和同事发生冲突，讲话礼貌、优雅。她们一般喜欢看人脸色行事，喜欢穿着十分平常的衣服，喜欢传统绘画作品和传统室内装饰，喜欢和自己性格相差较大的男性结合。

这样的女性，应忌因自己缺少主张而听人摆布，做一个实实在在的标本。

（5）注重工作型

有些女性情愿牺牲自己的业余时间投入工作，虽然常遭到领导和同事的欺负，却每天仍卖命去工作并以此为荣。在性格上，不屑一切娱乐活动，并以工作忙来搪塞，终日不苟言笑。这样的女性穿着一般的制服，喜欢完美的男性，尤其是不惧危险而有魅力的男人。

这样的女性，应忌生活单一，缺乏情趣。

（6）光说不练型

这样的女性侃侃而谈海阔天空，是典型的"万事通"，她们善于在众多谈话者中占领发言的一席之地，喜欢随大流谈论时尚问题，好像每一件事情都能参与进去并拿出见解。她们有很多想做的事情，但每件事都做不成。她们只注重服装的款式和颜色。

这样的女性喜欢稳重坚强的男性，常常对异性充满兴趣并保持交往。应忌兴趣过于宽泛，广而不精，人云亦云。

（7）保值型

有这样一些女人，以保值为人生最大乐趣，把所有值钱的东西换成保值品，如黄金等。性格高傲，固执己见，外人难以揣测其心理特征。这种女性感情不易更改，穿着多庄重。喜欢和衣着潇洒、风度翩翩的男性交往。

这种女性，应充实一些精神寄托。虽然人生没有钱是万万不行的，但是金钱不是万能的，世界上有许多比金钱更珍贵的东西。

（8）时髦型

这样的女性常用光彩华丽的服饰做包装。喜欢谈论高级装饰品、高级消费场所见所闻，以此展示自我魅力。张口时尚，闭口时尚，仿佛自己是个时尚大使。她们的眼睛追逐势利。喜欢与可以满足其虚荣心的男人交往，当然，以得到赠礼和物质享用为第一条件。

这样的女性，应忌因一时冲动和贪图物质享受而留下终身遗憾；不要为此而失去了自我价值。

（9）无所谓型

这种女性如水中浮萍、墙头草，凡事不抗争，听天由命。从性格上看比较随和，虽很精明但懒于实践。喜欢正统的直发，穿着衣服较为朴素，不希望任何事情给自己带来麻烦。喜欢比自己大的、各方面成熟有依靠的男性。

这种女性，忌为他人左右，缺乏自主性；谨记，怕麻烦可能麻烦更多。

（10）鹤立鸡群型

这样的女性善于不分场合地点展示自己的才能。她们自认为本身具有某种程度的素质而与众不同。在聚会时，自我意识十分强烈。常常忘掉自我的位置总要高人一头。在性格上喜欢不断地丰富头脑，为的是能有更多的机会出风头。学习新事物的意愿强烈，但往往止于一知半解。喜欢穿时髦的款式和与众不同的服饰，喜欢正直、老实而有鉴赏力的男子。

这样的女性，不要做"半瓶子醋"和盲目地标新立异。

只有了解了自己的性格类型，并因此不断地完善自我，才能唱出气势磅礴的浩歌。

4. 做一位个性美女

世界上没有两片树叶是相同的，也不会有两个性格完全相同的人。每个人无论是外在还是思想，都有着千差万别，换句话说，也就是每个人都有自己独特的个性。

当然，相比共性来说，存在于一个人身上的个性元素还是稀少的，正因为稀少，才显得珍贵，才更吸引人，才更有独特的价值。所以，如今到处都在宣扬和倡导人们要做一个个性突出、自我鲜明的人。张扬个性，解放自我，是这个时代进步的标志，更是"个性美女"这个名词出现的基础。

个性是在时代精神、社会生活实践和自我意识的基础上派生的一种心理特征。由于每个人的心理素质、社会经历、家庭环境和文化素养的差别，在思想、情感、性格等方面，也随之形成了与众不同的特点，从而使自己的言行举止染上特殊色彩，并且成为一个完整、具体、现实社会的人。个人的这种稳定的心理特征的总和就叫作个性。哪怕是一个极小的细节，我们也能看出一个人的个性，个性是每个人的名片。作为女人，个性是不可缺少的一个美丽元素。

所谓的"个性美女"，是指那些身上散发着与众不同气质的女性，她们通常都是一些有特别的行为、爱好和习惯的人，在气质上或超凡脱俗，或狂野奔放；在为人处世上特立独行，在穿衣打扮上追求特殊、唯美甚至另类……总之，她所能吸引人的，让人称其为"个性美女"的，必须是一些她特有的东西。

百般顺从、唯唯诺诺已不再是这个时代的魅力女人，魅力女人应该有自己的想法、个性和风采。即使是小鸟依人的女人，也应该有自己的个性天空。个性会使女人魅力四射，更加美丽迷人，更受他人青睐。

每个人都是一个独立的个体，个性表现了一个人的独特之处，有个性才会有魅力。

人们似乎厌倦了一成不变的思维模式，厌倦了单一的生活步调，大家都渴望着能够接触新鲜的事物，呼吸新鲜的空气，获得前所未有的新感觉。所以，个性化已成为一种潮流，女人应该深入发掘自己的独特之处，抛弃传统的教条与肤浅的想法，展示属于自己的风采，塑造独特的个人魅力。

每个女人都希望自己能够自由、潇洒、快乐地生活。于是，女人的个性表现得越来越突出，她们总是根据自己的特点，去寻找恰当的表现形式，来获得属于自己的生活。

假如一个女人失去了个性，必然会变得与众人没有什么两样。

即使你的外表多么动人，衣着多么华贵，也只能是一个装饰用的"花瓶"，失去令人回味的空间，就像一壶泡了很久的茶，喝一口索然无味。

个性化的美，体现个性特征的现代女性形象，已成为一种不容逆转的潮流。置身于这样一种潮流中的你，应深入发掘自我独特的潜力，不能再像东施那样成为人们的笑柄，摆脱传统的审美观念，走出人云亦云的误区，以塑造毋庸置疑的个性魅力。

看看周围吧！有许多女人非常羡慕那些具有女人味的女人，

看到她们光彩照人，每到一处都能产生"明星效应"，真是佩服至极。其实，这些女人背后的女人味都与个性有关，她们是在个性方面充分发挥了自己的特长，塑造自己完美的形象。

你遇到任何事情，都能坦荡大方，都能相信自己能够解决好，这就不像有的人遇到紧要的事就会手忙脚乱，不知该怎么办，相比之下，你就具备了个性魅力；同样，有些人看上去美如天仙，但就是缺少那么一点文化品位，只能是浮浅地谈吐事理，这样就会让人觉得缺乏内涵，与许多漂亮的时髦女性没有什么区别，不免让人遗憾；相反你能恰当地融入到谈话的氛围之中，机智地表现自己的才能、智能和幽默，给人一种与众不同的感觉，具有很好的文化素养和睿智的谈话技巧，那么你的个性也就表现得淋漓尽致，让大家赞不绝口。这样的例子有很多，在这里，无法一一列举。但有一个基本思想就是：没有个性的女性，不可能成为一名真正的美丽佳人；只有具备了独特的精神气质，才能成为一名令人羡慕的美女子。

在生活中，有许多女性仅仅懂得从外表上打扮自己，穿戴得一身宝气，流光溢彩，但是并不能与那些有品位的女人相媲美。问题出在什么地方？就在于不懂得从培养自己的个性入手，而徒有其表了。事实上，对于一个女人来说，美丽并非全部属于外表，还属于独特的个性。因此，个性之美是现代女性突出自己形象特点的方法。

天生丽质的女人往往是最具有吸引力的，然而，随着交往的加深、了解的增多，真正能长久地吸引人的却是她的个性。因为个性里面蕴含着她独有的色彩。

流行是一种潮流，女人向来是这种潮流的追随者。

　　流行总是变化莫测的，我们有时既寻不出它的来处，也摸不着它的去向。然而，个性化始终是流行浪潮的主题。抓住了个性化的发展趋势，也就抓住了流行的主要脉搏。

　　美女并没有固定的模式，不是千人一面，而是一个个女人个性美的展现。与众不同的想法，似乎自古就深得人心，西施的另类令同性嫉妒、令异性垂涎；林黛玉的耍小性令人倾倒，令人为其命运的悲惨而惋惜，这一切当然都是因为她们具有个性化的美。

　　个性是美的真正体现，是展示一个真正自我的方法。你就是你，你不是别人，别人也不会是你。

　　每一个人都是一个独立存在的个体，生来就和别人不一样。世界上60亿人口当中，每一个人都不一样，你没有必要硬把自己纳入什么模式当中。因此，适度表露自己的个性，是一种人性的解放，是一种理性的选择。

　　个性化的时代，就是人性的召唤、美的渴求。在这个时代里，人们乐于展露本来的自我，表现出原始的个性，未经修饰的好恶，呈现出另一种激动人心的魅力。

　　女人可以矜持，也可以狂野，更可以热情，这样的个性都是具有女人味的。在多元性的时代里，温柔贤淑的女人不再是好女人的唯一标准，个性丰富的女人一样受人宠爱。

　　个性美女的重点其实不在"美"上，即使个性美女的相貌平平，也会因为她独特的风采而吸引众人的眼球。况且，有人不是说过，世界上的女人都是美的，所以个性美女就是要美在个性，有了健康向上的个性可以说就有了美。

　　要做个性美女，就要有不同于大众的思想，崭新而独特的思

维方式，让人惊讶而赞叹的行为，让女人愿意模仿的衣着打扮和
处世习惯……

5. 打造你迷人的个性

    每个人都有自己的个性。个性是一个人区别于另一个人的标
志之一。个性也会产生魅力。张扬个性，特别是把自己迷人的个
性展示出来，是一个女人应该掌握的生活细节之一。
    女性欲养成良好的个性，先天因素非常重要，但后天的培养
也是不可缺少的，先天因素与后天培养如同事物的内外因，彼此
互相制约、转化，女性如果能巧妙利用，让它们与自己的个性人
格"相映成趣"，相得益彰，那么就会起到事半功倍的效果。什
么样的个性才算是好的个性呢？
    （1）拥有自信的心态
    上帝赋予我们每个人的外貌都是与生俱来的，如果天生丽质
自然值得高兴，但如果不是那么尽如人意却也不必自暴自弃，因
为除了靓丽的外表本身，我们还拥有一种发自内心的美丽，那就
是自信的风采。
    美国科学家曾经做过这样一个实验：他们找到一个14岁的丑
女孩，然后让她身边所有的亲友和老师、同学都努力去赞美她，
夸她是个美丽的天使，让她对自己越来越有信心，结果两年后奇
迹出现了，女孩真的出落成了一个美貌的女子。这个女孩的"美

貌"变化，全得益于她自信的心态。由此可见，自信对于一个女人的美丽来说是多么重要。

（2）拥有可人的外表

毫无疑问，让人心仪的女人一举手、一投足仿佛都包含无尽的个性魅力，叫人忍不住心驰神往。有这样一个年轻女子，虽然穿着一般，可仍掩饰不住她作为一个女人中的"独枝"的灵韵。说不出她有多美，她眼波一转，凝而不惑，美而不媚。所有的人仍然被她的美丽所震住，当然，她自恃内敛的举止未免有些过分，可你不得不承认含蓄本身就是处处通行的护照。只不过作为一个有个性的女人，仅外表漂亮是远远不够的。

（3）具有聪慧的才情

许多古代才女不但具有漂亮的外表，而且琴棋书画样样通晓，如蔡文姬、卓文君等。现代个性女人也往往才华出众。时代不需要那些只有脸蛋没有头脑的"花瓶"，不少光是长得好而头脑空空的女人，最后也许只能落得个被某大款当作"金丝雀"包养的命运。

（4）拥有成熟的风韵

很多人都认为女人只有年轻的时候才个性张扬，一过了30岁，就和"张扬"二字再也无缘了。然而现代社会中女人在经济上可以独立，比从前更注意释放自己，过了30岁后，反倒更具有女性的魅力。成熟的女性虽然不如那些青春少女们年轻而富有活力，但她们却具有自己独到的韵味。她们会因其阅历丰富、因其圆融、因其感性和体贴而散发出无与伦比的光芒。

（5）富于浪漫的情调

一个女人，你会因其有个性而越看越美丽，反之则即使再漂

亮也可能令人生厌。在所有可爱的性情里，要数浪漫的情调最具
魅力了。

现代人的生活大都忙忙碌碌，生活的压力使得每个人都感觉
有些郁闷，一个喜欢浪漫并善于制造浪漫的女人，不仅会使她的
个性变得非常迷人，也能使人忘却她的真实年龄，从而缔造出美
丽的情愫来。

如果你具有自信的心态、可人的外表、聪慧的才情、成熟的
风韵、浪漫的情调，或者这其中的大多数优点，那么你就已经是
一个完美的女人了。

在现实生活中，有的人以"个性是天生的""江山易改，
禀性难移"来原谅自己或者宽恕自己，这是不正确的。其实，个
人性格品质的形成，不但和先天因素有关，而且和后天的修炼有
关，个性并非固定不变，是随着一个人的阅历、所处的环境的变
化而变化的。人的个性不过是周围社会环境和社会实践的产物。

个性就是个人的生活、自我教育、不断修炼的产物。所以，
注重个性方面的修养能够帮助女性塑造良好的个性品质，能够更
好地开拓生活之路、开辟事业的天地，从而实现人生的价值。

我们每个人的个性、形象、人格都有其相应的潜在的创造
性，我们完全没有三心二意的必要，无须一味嫉妒与猜测他人的
优点。

在人生的成长过程中，每个人一定会在某个时候发现，羡慕
是无知的，模仿也就意味着自杀。在提倡张扬个性的时代，作为
女人，一定要懂得你的个性将影响甚至决定你的一生。因此，作
为女人，从一开始就要努力向好的个性方面转化。那么，怎样做
才能叫女人拥有迷人的个性呢？

　　首先，你要对其他人的生活、工作表示出浓厚的关心和兴趣。每个人都认为自己是特别的个体，每个人都希望受人重视。这一点值得得意，我们应该承认每个人的独特的价值。如果你对他人表示了足够的关心，那人们必定会对你有所回报，他们会说你"这个人真好，特别热情，特别会关心体贴人，是一个会爱的女人"，并会随时随地对别人说你的优点。

　　其次，健康、充满活力和具有丰富的想象力也会使你显得迷人可爱。大家都喜欢富有生气的阳光女人，而没有人会喜欢无精打采、死气沉沉的人。

　　轻松活泼的女人可以给周围人带来一股清新之气，周围的人和气氛也会因她的诱人而发生改变，相信人人都会因此而对你产生好感。

　　再次，要有容忍的气度，这是女人塑造完美个性最重要的一点。每个人都希望自己被人接纳，希望能够轻松愉快地与人相处，希望和能够接受自己的人在一起：那些嫉妒心很强的小气女人，一定不会受到周围人的欢迎和喜爱。所谓气度，就是不要让别人的行为合乎自己的准则，每一个人都会按照自己喜欢的方式来主宰自己的行为，而通常都会有一些行为是不合乎你的准则的。

　　最后，要经常看到别人的优点，学会赞扬别人，这样可以使被夸奖的人感觉到你对他的关注，从而加深你在他心目中的地位。一个成熟的女人不会停留在接受和忍耐别人的缺点上，她会随时看到别人的优点，每一个人身上都拥有着各自不同的优点，而你的魅力就是集合他们的优点在你自己的身上。只要你能够细心观察，并取别人的长处来弥补自己的不足，迷人的个性就会不知不觉地存在于你的身上了。

当遇到令你难以接受的事情发生时，需要用良好的素质和人格去进行冷静的抉择，要知道冲动莽撞只能使事情向反面发展，对解决问题不会起到任何积极作用。

人的素质，面对的是人格，而人格也正要求人们有相当高的素质。所以人们唯一的选择就是：培养素质，发挥素质，转化素质，最后形成一种完善的人格，从而走向成功的道路。

每个人都有自己独特的个性，或许它潜藏在你的性格之中，还没有被你所发掘；或许你已经掌握了自己的个性。

所以，你没有必要去一味嫉妒与猜测他人的优点，跟在别人后面邯郸学步。与其这样，还不如花点心思挖掘并完善自己的个性来得实在。通过总结成功经验得出：保持自我的本色以自身的创造性去赢得一个新天地是有意义的。你完全可以相信自己是最好的，虽然出色的女人很多，而你恰好就是其中之一，你的光芒不比任何人弱。在这个世界上你是独一无二的，应该以这一点而自豪，应该尽量利用大自然所赋予你的一切。归根结底，你只能演奏自己的人生乐章，只能控制自己的人生，只能做一个由你的经验、你的环境和你的家庭所造就的你。

不论是好是坏，你都是独一无二的，你在创造一个属于自己的独特天地，必须在生命的舞台上，或演主角或甘当配角，在人生的漫漫长路中一步步地走下去。

6.喊出自己的声音

　　真正成功的人生，不在于成就的大小，而在于你是否努力地去实现自我，喊出属于自己的声音，走出属于自己的道路。

　　"走自己的路，让人们去说吧！"我们对但丁的这句名言并不陌生。可是，我们在生活中是否信奉它、实践它呢？

　　在人类历史上，你是独一无二的，应该为这一点而庆幸，应该尽量利用大自然所赋予你的一切。归根结底说起来，所有的艺术都带着一些自传性，你只能唱你自己的歌，你只能画你自己的画，你只能做一个由你的经验、你的环境和你的家庭所造成的你。

　　无论情况怎样，你都是在创造一个自己的小花园；无论情况怎样，你都得在生命的交响乐中，演奏你自己的小乐器；无论情况怎样，你都要在生命的沙漠上数清自己已走过的脚印。

　　自古至今的一句老话叫"尺有所短，寸有所长"，想想真的很有道理。

　　她有她的优势，你有你的长处，没有太多的理由拿自己和她去对照，更没有通过自己的有意的对比而给自己心理造成某种压力的必要。

　　个性就是特点，特点就是优势，优势就是力量，力量就是美。为了模仿她人而削足适履是愚者所为。为了追随时尚而趋之若鹜，汇聚在一起的是成堆的商品而非艺术。

贝多芬学拉小提琴时，技术并不高明，他宁可拉他自己作的曲子，也不肯做技巧上的改善，他的老师说他绝不是个当作曲家的料。

发表《进化论》的达尔文当年决定放弃行医时，遭到父亲的斥责："你放着正经事不干，整天只管打猎、捉狗捉耗子的。"另外，达尔文在自传上透露："小时候，所有的老师和长辈都认为我资质平庸，我与聪明是沾不上边的。"

爱因斯坦4岁才会说话，7岁才会认字。老师给他的评语是："反应迟钝，不合群，满脑袋不切实际的幻想。"他曾遭到退学的命运。

牛顿在小学的成绩一团糟，曾被老师和同学称为"呆子"。

罗丹的父亲曾怨叹自己有个白痴儿子，在众人眼中，他曾是个前途无"亮"的学生，艺术学院考了三次还考不过去。他的叔叔曾绝望地说：孺子不可教也。

《战争与和平》的作者托尔斯泰读大学时因成绩太差而被动退学。老师认为他："既没读书的头脑，又缺乏学习的兴趣。"

如果这些人不是"走自己的路"，而是被别人的评论所左右，怎么能取得举世瞩目的成绩？

人生的成功自然包含有功成名就的意思，但是，这并不意味着你只有做出了举世无双的事业，才算得上成功。世界上永远没有绝对的第一。看过马拉多纳踢球的人，还想一身臭汗地在足球队里混吗？听过帕瓦罗蒂歌声的人，还想修炼美声唱法吗？——其实，如果总是担心自己比不上别人，只想功成名就，那么世界上也就没有帕瓦罗蒂、马拉多纳这类人了。

俄国作家契诃夫说得好："有大狗，也有小狗。小狗不该因为大狗的存在而心慌意乱。所有的狗都应当叫，就让它们各自用自己的声音叫好了。"

　　所以说，真正成功的人生，不在于成就的大小，而在于你是否努力地去实现自我，喊出属于自己的声音，走出属于自己的道路。

7. 活出真我的风采

　　生活中，我们经常听到有人感叹："唉！活得真累！"其实，这个"累"主要不是指身体累，而是指精神累，指做人太难。老实巴交吧，难免吃亏，被人轻视；表现出格吧，又引来责怪，遭受压制；甘愿瞎混吧，实在活得没劲；有所追求吧，每走一步都要加倍小心。家庭之间、同事之间、上下级之间、新老之间、男女之间……天晓得怎么会生出那么多是是非非。你这两天精神不振，有人就会猜测你是不是经常开夜车搞什么名堂；你和新来的女大学生有所接近，有人就会怀疑你居心不良；你到某领导办公室去了一趟，就会引起这样或那样的议论，猜疑你削尖脑袋往上爬；你说话直言不讳，人家必然感觉你骄傲自满，目中无人；如果你工作第一，不管其他，人家就会说你不是死心眼、太傻，就是有权力欲、野心……此种飞短流长的议论和窃窃私语，可以说是无处不生、无孔不入。如果你的听觉、视觉尚未失灵，再有意无意地卷入某种旋涡，那你的大脑很快就会塞满乱七八糟的东西，弄得你头昏眼花、心乱如麻，岂能不累？

因此，查找"活得真累"的病源并不难，难的是根治太难，若要从外部原因上断根绝种不大可能。我们若想活得不累，活得痛快、潇洒，唯一切实可行的办法就是改变自己，不再相信"人言可畏"，不在意别人的说长道短，不在意别人的冷嘲热讽，不为别人而活，更不要失去自己心灵的自由活在别人的目光里，而是潇洒一点，活出自我个性，活出自我的真率。走你自己的路，让别人去说吧！

这就是特立独行，我行我素，不以别人的评价来确立自己的形象和价值。不论何时何地，也不论面对什么重要的人物，若有人对你轻视、否定、拒绝甚至是责骂，你都要切记罗斯福夫人说过的一句话："没有你的同意，无人能令你觉得卑贱。"强者不能任凭别人的意志阻挠自己前进的步伐。切勿让别人的评价扰乱了你的思绪，让你六神无主，无法实现自己的心愿。

有句格言叫"轻履者远行"，也就是人们常说的"丢掉包袱，轻装前进"。为了解除这种普遍存在的心理上的沉重负担，做一个心灵自由、独立自主的人，我们应该好好地想一想：现代社会里，"人言"还真正可畏、一定可畏吗？所谓"人言可畏"，只是你惧怕别人说三道四；如果你不惧怕，"人言"还有什么"可畏"的呢？由此可见，我们所面临的威胁和危险，看似是别人打来的明枪暗箭，实际上问题就出在我们自己的心理上或态度上，是自己威胁自己，自己吓唬自己。所以我们要昂首挺胸，堂堂正正地做人。任凭风吹浪打，坚定地走自己的路，按自己的心愿开创新生活，让别人去说吧，不要理会别人的冷嘲热讽，也不要因为一些外在的因素而放弃自己的人生目标。不要在乎别人说什么，要在乎的只是自己做什么，做得好不好。别人的冷嘲热讽算得了什么呢？这样坚持下去，最后必定能够如愿以偿。

许多人正是由于这种因循守旧的观念、害怕冒险的心理和随俗从众的习惯，才不知不觉中把自己的灵魂交给别人去掌握控制的。这种人的精神世界总是被无形的绳索捆绑着，或者说是被无形的牢笼囚禁着，成了自己心理上的奴隶和囚犯。他们做着他们一直厌烦的工作，生活在一个自己不喜欢的环境里，说一些自己不想说的话，以及只能或只会听命于别人的旨意行事。而这种心理上的奴隶形态，又怎能不让一个人经常感到"活得真累"呢？

这种心理上的奴隶往往带有各种并发症，如恐领导症、恐异性症、恐独自负责症、恐别人议论症、恐周末星期天无事可做症等，甚至白白地受了人家的气也不敢有所表示，一味地生闷气，久而久之影响了身心健康。这一连串的"唯恐"，就是内在的危险、无形的牢笼，就会使一个人谨小慎微地缩进自设的误区，给自我世界上一把"锁"。一个人压抑束缚了自己，并不能换来群体的发展和进步。我们只有摒弃别人会怎样想、怎样看的顾虑，才能树立自信，升华自我。每个"自我"都走出心理的误区，征服内在的危险，才能形成和发展坦诚相爱的人际关系。所以，要牢牢记住：你的最高仲裁者是你自己！不要把评判自己的权力交给别人！

属于你个人的事情，需要你独立自主地去看待、去选择。要获得自己的幸福，就不能按别人的曲子跳舞，要仔细倾听自己内心深处发出的声音。不管爱与死、情与病、志与趣、成与败……都是每个人在世上的杰作或拙作。怎样做人处世，这是每个人的

"内政"和"主权"。凡属个人的事情，任何外人都无权干涉，不容侵犯；除非你触犯法律，损害他人。这就是说，我们要有一个明确的信念：谁是最高仲裁者？不是别人，而是你自己！这样想问题才能自信自爱，在心理上无拘无束，才能面对现实，接受挑战，做到歌德所说的"每个人都应该坚持走他为自己开辟的道路，不被权威所吓倒，不受固有的观点所牵制"。

这里所说的不要顾虑别人怎么看、怎么说，主要是指一些本该由个人做主的事情，如恋爱、婚姻、职业选择、社会交往、兴趣爱好、生活方式等。通常情况下，思想开明、文化素质较高的人不大喜欢过问或干涉别人的事情；而那些热衷于窥视动静、说三道四的人，大都素质不高、水平不高，不会有什么真知灼见。然而在实际生活中，经常会遇到种种提醒、忠告、批评和责怪，凡事都会有几个不需要支付工资的"顾问""高参"甚至是有职衔的"权威"来指导你做出大小事情的决定。但是，当你认真听取某一个"指导者"的劝告之前，应当先想一想，他的所思所谈是不是值得你那样用心聆听而又必须服从呢？一个人总觉得自己的脑袋没有别人的灵，遇到难题也不去找确实有真才实学而又见解新颖的专家学者请教，反倒对那些仅仅知道事情的一点皮毛而又观念守旧、见解平庸的人物言听计从，或是害怕这些"顾问""指导者"对自己不满意而不得不"削足适履"，这难道不是一种很可悲的生活吗？

一旦你不能独立自主，那就必然会生活在别人的眼光里——总是顾虑别人会怎样看你、怎样说你。这是一种自我囚禁的思想牢笼，是一种具有破坏性的消极心态。要走出这个心理误区，从根本上讲就是要学会自信自爱、独立自主，强化积极的自我意识。就怎样抛弃"人言可畏"这个包袱来说，第一点就是要清醒地认识到所谓别人——那些喜欢说三道四的人——并不是先知先觉，他们并不比你高明、比你正确。你没有必要在乎他们怎么看你和怎样说你。

的确，人能正确地认识自己、找到自己在社会生活中适当的位置，是很不容易的。因为，人们总爱拿自己的长处与别人的短处比，于是便认为自己比别人行，认为命运对自己不公平。越这样想，越容易好高骛远、不求上进。如果能常常把自己的短处与别人的长处比，认真想想如何取长补短，你就会有进步、有前途了。

所以，我们既应该看到，人的水平和能力有大小之分，一个人最好是做他力所能及的事；另一方面，我们也要看到人的水平和能力不是天生的，也不是固定的，人是能通过努力和发奋提高自己的能力和水平的。只要看看一些成功者的经历，我们就会明白他们曾怎样在社会的底层奋斗和成长。

一位诗人这样热情地劝告人们：如果你不能成为山顶上的高松，那就当棵山谷里的小树吧——但要当棵溪边最好的小树。如果你不能成为一棵大树，那就当丛小灌木；如果你不能成为一丛小灌木，那就当一片小草地；如果你不能是一只香獐，那就当尾小鲈鱼——但要当湖里最活泼的小鲈鱼。我们不能全是船长，必须有人来当水手。

如果你不能成为大道，那就当一条小路；如果你不能成为太阳，那就当一颗星星。决定成败的不是你尺寸的大小——而是做一个最好的你。有许多事你都可以去做，有大事，有小事，但最重要的是身边的事。

　　大树有大树的伟岸，小草有小草的气节。我们无须借油彩渲染虚浮的门面，需要的是执着年轻的自我，面对瀚海长天，来也洒脱，去也洒脱。

第八章
靠脸只能美一时，
智慧才能美一世

　　有句话说得好：好看的皮囊千篇一律，有趣的灵魂万里挑一。女人真正的美，不在于外表，因为外表的美会随着时间的流逝而逐渐消失，所以女人真正的美，在于女性独有的大智慧。有智慧的女人最美，因为她们有着独特的魅力。

1. 美丽让男人停下，智慧让男人留下

自古流传着这样一句话："爱江山，更爱美人。"的确，长久以来，在人们的心目当中，英雄和美女就是绝佳的配对。然而在当今社会中，我们重新审视这句话，很多男性朋友也会对此产生不同的看法，曾有位朋友这样说过："年轻的女人像一本色彩绚丽的时尚画册，虽养眼但只看一遍足矣；有智慧的女人像一本内涵丰富的精装书，让人看过了还想看。"的确，美女即使非常养眼，但也像培根说的那样"美貌好比夏日的水果容易腐烂"，而智慧型的女人却会随着岁月的沉淀而更加丰厚。

李薇今年28岁了，有事没事喜欢在网上聊天。有一次，她的一个朋友告诉她，老公有了外遇。李薇很同情她，不断安慰她，同时心想，这样的事永远不会发生在自己的身上。

一次，李薇下班后路过一家咖啡厅，令她不敢相信的是，老公正在和一个女子边聊天边喝咖啡。她气极了，立即想冲过去，大骂他们一顿，然后提出离婚。可是，她转念一想，这样会不会太冲动了，万一他们是一般的朋友关系，只是在聊工作呢。怎么办？李薇想了想，走到服务台，把账结了。她想给老公一个提醒，也给自己一个机会。

回到家后，她一直等老公回来。老公进门后，她装作不经意地问："今天怎么回来这么晚？"

"和一个朋友到咖啡厅聊了聊。"老公笑着回答道。

"怎么这么高兴，是不是有人帮你结账啊？"

老公恍然大悟，说道："原来是你结的账啊，你到过那里？那个人其实以前喜欢过我，明天要出国了，今天要请我喝咖啡道个别。我怕你误解，所以没有提前告诉你。"

李薇笑着说："我知道，没什么，应该的。咱们吃饭吧，我饿坏了。"李薇很为自己的做法而庆幸，一场家庭战争因她的智慧而避免了。

智慧是一个魅力女性不可或缺的养分。缺少了智慧，贤淑便无从谈起，更谈不上什么魅力了。一般人认为，一个女人是否有智慧在很大程度上取决于一个女人社会价值的大小。但智慧并不是与生俱来的，学识、阅历及善于吸取经验教训会使一个女人迅速成熟起来。

总之，丰富自己的内涵，不断学习，掌握各种技能，提高自己的生活品位，让你的人生充满智慧，就能使自我的社交能力得到不断的提高，从而获得属于自己的幸福。

运气是会用光的，但才气不会。

一个有才华的女人，必定是一个心灵充满智慧的女人。她情感更细腻，举止更优雅，气质更深沉。一个女人所能体会到的自由程度和对幸福的理解深度，与她对于人性认识的广度与深度是成正比的。

女人拥有一副漂亮的外表自然是值得庆幸的事，但是那并不代表女人就拥有了才华，提高了内涵。外貌漂亮的确会吸引他人眼光，占据了一种抢先的优势。但是，能否产生持久的魅力，是否值得他人去品味，就要画上一个问号了。

相貌的美与丑绝不是衡量女人的唯一标准，如果单就这一点来评价女人可爱与否未免有些武断。有人可能会因此而迷茫，问："什么样的女人最可爱呢？"当然是有才华的女人，因为才华可以为女人增添一张炫丽的王牌。女人缺少了才华，就如同一个充足气的气球，外表看起来栩栩如生，可是，内心却空无一物。漂亮的外表并不能代表一切，聪慧的女人才是最可爱、最漂亮、最幸福的女人。

女人有才华才会有魅力，有才华的女人能够无视年龄对自己容貌的侵蚀，即使鬓发斑白你仍能感觉到她散发的魅力。她的魅力在于淳朴，清水出芙蓉，天然去雕饰。在瞬息万变的现代社会中，她会用自己的才华出现在变化的前沿，告诉众人她是一个时尚、内心浪漫、强调个性、淡泊明志、尊重别人、爱惜自己的幸福女人。

发达的现代社会不缺少美女，但缺少的是能够让人养心的才女。所以，女性们更应做一个智慧型的女人。一个只会打扮自己的女人，她的生活是空虚的，她的人生底蕴是单薄的，唯有智慧才能赋予女性美丽，唯有智慧才会让女人青春永驻，也唯有智慧才会让女人的美丽产生质的内涵。

一个女人在拥有了丰富的文化知识之后，就会变得优秀。因为知识给了她底蕴，陶冶了她的情操，使她变得温文尔雅。因而，她就有了一般女人所没有的那种味道。

一个注重知识的女人，能够感觉到读书的乐趣。她追求知识的兴趣不是天生的，喜爱阅读的习惯也不是一成不变的，她会受到传统、时局、教育、职业、兴趣或其他原因的影响，而改变自己所读的书。所以，她总能一次次地沉溺在不同的领域，并把各种互不相关的知识糅合到自己的思想当中——你用自己的方式去理解知识，知识也在悄悄地改变着你的人生。

所以，今日的女性应该远离过去那种一味的烦琐和艳丽，要懂得让自己向着简单和个性转化，用文化造就自己，用文化装扮自己，这样会更有内涵，更能让人赏心悦目，也更能气场强大。

2. 女人要学会思考

女人必须学会思考，要有自己的想法，自己的观点。因为只有会思考、懂得思考的女人，才能从烦琐的日常生活中优雅地走出来，找到自己的幸福。

男人和女人，生来就有很多的不同，其中重要的一点就是：相对而言，男人更加理性，女人则更容易感情用事，是个感性的动物。

有这样一个笑话：一个金发碧眼的美丽女人上了飞机，直接坐在了头等舱。空姐过来检票时，告诉她："您的机票是普通舱的，不能坐在这里。"女人说："我是白种人，是美女，我要坐头等舱去洛杉矶。"空姐无可奈何，只好报告组长。组长对美女解释说："很抱歉！您买的不是头等舱的票，所以只能坐到普通舱去。""我是白种人，是美女，我要坐头等舱去洛杉矶。"美女仍然重复着那句话。

组长没办法，又找来了机长。机长俯身对美女耳语了几句，美女立马站起身，大步向普通舱走去。空姐惊讶不已，忙问机长跟美女说了些什么。机长回答："我告诉她头等舱不到洛杉矶。"

其实这不仅仅是个笑话，对于女人来说，这更像是一个警告，它告诉我们：女人，千万不要忘了思考。如果女人只有漂亮的外表而不会用大脑思考，那么她永远只是大家愚弄和嘲笑的对象，又谈何优雅呢？

不会思考的女人，是依赖的、脆弱的。即使她拥有美丽的脸庞、拥有较高的学历，但只要她不懂思考，再多的美丽和知识也只能成为一种装饰和补充。

不会思考的女人，更容易受到伤害。她总是迎合与顺从，因而处处被动受挫，完全丢失自我。

小敏婚后想去深造，她丈夫说："我需要你待在我身边。"她便顺从地守家生子。八年后这个家破裂了，因为她轻信了丈夫制造的幸福童话。几年来，丈夫挣了足够的钱供她享受，小敏不用说对社会、对家庭不必有一点思考，就连买柴米油盐这些事儿也得请示丈夫，她满足至极，脑子懒惰到了最终令丈夫无法容忍的地步。

是什么导致了小敏的悲剧呢？是她的丈夫吗？其实不是。小敏的悲剧根源在于她停止了思考，停止了追求，她丧失了活力！

一位哲人曾说："我思故我在。"古巴谚语也说："不会思考的是白痴，不肯思考的是懒汉，不敢思考的是奴才。"从某种意义上说，人不思考便失去了存在的价值。不管是女人还是男人，在当今政治、经济、社会意识形态都发生巨变的时代，更应该学会思考。

用大脑思考的女人或许不是一个漂亮的女人，但她一定是一个有智慧的女人；用大脑思考的女人或许不是一个富有的女人，但她一定是一个有修养的女人。

3. 懂得让步的女人最聪明

在这个世界，总有一个人让你温暖；在这个世界，总有一个安静的角落；在这个世界，总有一个心灵的空间；在这个世界，总有一种厚重的情怀；在这个世界，总有一个人让你为爱而舞。行走在生命的路上，心在一路低吟浅唱，山一般的执着，雪一般的心境，就是一种别样的风景，一种别样的美丽，一种别样的情怀，无需言语，一个微笑，也许就是一道最美的风景；一声轻唤，也许就是一句最美的表达；不离开，因为心在；不放弃，因为爱在；不停滞，因为路在！经历后才知道：一份真挚的感情，要学会让步，学会包容，更要学会换位思考，这样的爱才会永久。

　　聪明女人永远会为自己和对方留出适当空间，不会咄咄逼人将对方逼入死角，因而成功塑造自己坚强而不失宽怀的自尊自爱形象。适可而止是感情关系中无往不利的决胜法宝，做个从容冷静又贴心的聪明女人，让感情永远不失温。

　　适可而止适用于恋爱关系中的各种方面，无论大事小情，还是生活中随处可见的唠叨争吵，将活跃程度控制在一定范围内，就能保持大环境的相对平衡稳定，也就是你和他能维持其乐融融的和谐共生状态。滚烫或冰冷的一杯水都过于刺激而令人不适，温度适中的温吞白水其实才是大多数人的真正选择，对它来说众口不再难调。

　　在两个人相处中，势必有个人需要做出一定程度的让步，才能获得最终意见达成一致，从而换来稳定的和平共处。这与妥协有着本质意义上的区别，两者最大的不同在于让步采取的态度不再激烈极端，而是用柔和的方式来换取两人关系的平衡，妥协则意味着违背自己的原则转而认同对方。也就是说，面对他时不能一味毫无原则地退让妥协，让步需要建立在对彼此相互尊重的基础上，适可而止地降低杀伤力和固执己见的激烈态度，而并不是丧失立场原则来换取暂时的和平，这也就是不容侵犯的核心所在。

　　爱是一份心境，是相互的感动，更是一种懂得，懂得退让的爱，才是真正的爱。人生中，拥有这样一个人，这样一种情感，让你疲惫的心变得坚强，让饱受疲惫的心，拥有了湿润的一隅，更让你独享着一生眷恋和牵绊，一世的宽容和给予，拥有今生的牵挂与美丽。爱，是一份遇见，是一份懂得，是一份退让，更是一份心灵的默契和相通。无论遇到什么事情，只要女人学会退一步，男人学会退两步，那么彼此就会成为爱的唯一，共创爱的永恒。

4. "撒娇"是女人的独门暗器

"撒娇"是女人的专利。会"撒娇"的女人，你的丈夫会更喜欢你。

两个人共同生活在一起，难免产生摩擦，特别是遇到困难时男人会脾气暴躁，怒火一触即发。这时候千万不要火上浇油，而是要温言软语，先让他熄火。事实证明，在跟男人的冲突中，聪明的女人都能明白柔能克刚的道理，只有愚蠢的女人才会选择针锋相对。一个喜怒无常、经常像斗牛士一样怒发冲冠的女人是令人恐惧的。

《王贵与安娜》中，安娜从小生活在城市里，王贵在农村长大，两个人生活的环境不同，习惯也就不同。

安娜有些洁癖，所以每次睡觉之前都会把身体洗干净才会就寝，而从小和泥土做伴的王贵对于卫生这一方面就显得有点不拘小节，因此，两人为此吵了很多次架。

安娜认为这是原则性问题，不能让步；而王贵则觉得安娜命令式的口吻在挑战自己男人的尊严。于是两人开始僵持。

　　后来，得知小两口闹矛盾的安妈妈来女儿家开导安娜，说男人吃软不吃硬，比起一味的强势，适当的示弱撒娇，或许更有利于达到自己想要的效果。

　　听了母亲的开导之后，安娜尝试着用撒娇的口吻让王贵睡前洗漱，结果王贵立马拿着盆子飞奔到洗漱间，哪还是之前那个视死如归、坚决不屈的人。

　　"撒娇艺术"，其实就是古之兵法上"以柔克刚"的艺术。老子认为"柔弱胜刚强"，他说："天下柔弱莫过于水，而攻坚强者莫之能胜，其无以易之。"这句话的意思是说，天下没有比水更柔弱的东西了，但是任何坚强的东西也抵挡不住它，因为没有什么可以改变它柔弱的力量。恰当运用"柔"，任何坚强的东西都会为之融化，巧妙地运用"撒娇"，就等于为婚姻安上了一个"安全阀门"。

　　也许有的妻子听了这个观点很不服气："夫妻平等，谁都有个自尊心，难道让我屈服在辱骂与拳头之下，还要赔笑脸？我可不能服这个软！"要是这样理解可就错了。妻子给丈夫一个笑脸、一句幽默话，绝不是软弱的表现，而恰恰能显示出一个为人妻者的智慧、修养、气质和涵养。面对这样的妻子，只要不是那种压根儿没有人性、理性或对你根本没有感情的丈夫，相信谁都会在这大家风度面前败下阵来而自惭形秽，并在这种潜移默化的熏陶中受到影响，自觉纠正自己的偏激性格和行为。

　　巧用"撒娇"艺术，确是夫妻交往中消除隔阂、增进了解、陶冶性情、加强涵养的具有实用价值的好办法。做妻子的，当丈夫发脾气时，不妨试试"撒娇绝技"；当你的丈夫心情郁闷时，不妨打打这支女人特有的"独门暗器"，这对增进夫妻之间的感情，肯定会大有益处。为人妻者请牢记："撒娇"是对付老公的重要法宝。

5. 女人不要太挑剔

热恋的时候，男人像团火，女人也像团火，都把自己烧得糊里糊涂，昏头昏脑。你看我是白雪公主，我看你是白马王子。等到结婚后，爱的温度降低了，头脑也慢慢地清醒了，眼睛也睁大了，于是就开始重新审视对方，才发现种种的不如意，于是挑剔便开始了。

对于一个男人来说，一个女人的挑剔给家庭带来的不幸远远超过奢侈浪费。

男人太有本事，女人便总觉得对方不顾家、不陪她，总没把自己放在眼里，担心什么时候把自己抛弃，另寻新欢。

男人没有本事，女人又觉得太窝囊、太平庸、太没用，连累自己也见人矮一截。

男人重事业轻家务，女人不满意，羡慕别人的男人买菜洗衣带孩子，什么家务活都干，会体贴人。

男人重家务轻事业，女人也不满意，眼热别人家的男人有作为、有志气，女人在外面也风光，也有地位。

男人爱整洁，家里什么东西放在哪儿都有讲究，家具上有一点尘土就不高兴，女人会觉得约束太多受不了。

男人不修边幅，衣领总是油腻腻的，袜子总是臭烘烘的，东西乱扔乱丢，女人觉得这样的男人太邋遢。

男人话太多，女人会感到讨人嫌；男人话太少，女人又感到像榆木疙瘩太死板。

男人抽烟喝酒，女人觉得他不会过日子、花钱太多；男人不抽烟不喝酒，女人又觉得他不会应酬，缺少男人味儿。

女人要挑男人的不是，处处都可以挑出毛病来，左看右看横看竖看，浑身上下都不顺眼。

男人看女人也是如此。凡女人看男人不顺眼的地方，男人都可以反过来看女人，而且，可以挑出更多的不是来。

怎样才能避免婚姻的挑剔呢？最简单而有效的忠告是：世上没有绝对完美的人，当然也没有完美的婚姻，应保持一种正常的心态，宽容对方。在平时应注意以下几点：

（1）要有一颗宽容心

夫妻之间要相互体贴并善于体贴。在清晨或就寝之前，夫妻坐下来交流一下思想，交换一下意见，比如家庭计划、困难、分歧甚至误会及其他生活问题，尽管这些事情只是生活琐事，但是一旦这种交流思想和交换意见的习惯逐步建立起来，婚后生活中发生的摩擦和紧张就会轻易地缓和下来。通过这种形式，男方要了解女方的心理特点，了解感情在她心中所占的比重，因为女人比男人更容易受情绪的支配，她们的感情既细腻，又极为敏感。与妻子的小冲突常常要靠温存、沉默和忍耐去解决，而说理则往往无济于事，如果男方老是计较女方的情绪波动和日常琐事，势必造成夫妻不和。器量大是爱情生活中不可缺少的气质，男方尤其应该如此。

（2）相互尊重和信任

可以说，没有信任就没有爱情，而彼此的尊重、必要的礼节，也不能和虚情假意相提并论。在此前提下，还要互相忍让，因为它是婚姻这架机器上的润滑剂。

女人都有一个特点，那就是自尊心强得要命。女人最清楚自己的弱点在哪里。因此，她们拼命掩饰，不让别人有机会触碰它。所以人们说，要与女人疏远或断交，最佳办法是伤害她的自尊心。反之，要取悦女人，最起码须小心防范，避免触及其弱点。当然，如果有办法提高女人的自尊心，则会让女人乐于与你交往，做你长久的朋友。

这一点，做丈夫的千万记住。对你的妻子不要伤她的自尊，要想办法提高她的自尊心。

有人错误地认为："好夫妇彼此应该是坦白无私的。"有此心态的夫妇，常要对方无条件忠于自己，要求对方在心灵上没有任何隐私。倘若偶然发现，便耿耿于怀，妒火中烧。事实上，每一个人的心灵深处都有完全属于自己的一方天地，它不对外开放，也不准人强行入关。由此不难发现，夫妇双方的隐私内守比坦白相陈要明智得多。当然，有些不动摇夫妇感情基础的思想向对方表露出来，比等待着对方来查阅你的大脑要好些。你同时应切记：最好不要强迫你的丈夫或妻子向你交出所有的个人机密。

列宁在和克鲁普斯卡娅结婚时，双方订立了一个公约：

"互不盘问，决不隐瞒。"这两条订得好！"互不盘问"表明夫妻双方的相互信任；"决不隐瞒"表明了夫妻双方的相互忠诚。两者结合起来就组成了一种比较和谐的夫妻关系。

"互不盘问"也表明了对对方人格的尊重，"决不隐瞒"则表明了自己要值得对方尊重。

要做到夫妻之间长相知、不相疑，相互间首先要有深刻的理解。作为妻子，要常常同丈夫交流感情，有了误会应及时说个明白。其次，要有高尚的情操。爱情和婚姻具有排他的特点，但并不等于自私。嫉妒、猜疑都源于自私的阴暗心理。只有把丈夫作为独立的人来爱，才能获得丈夫真诚的爱的回报。最后，要建立充分的自信心。只要你的婚姻是自愿的，对方总有所爱的地方和一定的吸引力。就算丈夫在学识地位上与你有了距离，你也千万不能自卑，而应当充分发挥自己的特长，以完善自我来增加吸引力。人总有长处，只要确信自己也有强于丈夫的方面，婚姻双方便是平等的、互补的、互相需要的、互相吸引的。

（3）冷静对待不愉快的事情

如果发生了不愉快的事，不要急于争吵，暂时先将想法写在一张纸条上。等到双方都冷静下来时，再把事情拿出来仔细讨论。如果过后发现是微不足道的小事，你一定不好意思再提起。另外，夫妻在讨论问题时，也应该心平气和，保持理智，尽量用对彼此信任的方法来消除引发怒气的主要原因。

（4）学会激励

学会激励，而不是驱使别人去做你想要达成的事，这是人们在人际交往中必须掌握的一门艺术，如果我们不用激励的方法，而是用唠叨或者责骂的方式去推动丈夫行动，那么，要想实现自己的目的会很难。

一位西方著名的哲人说过："一个男人能否从婚姻中获得幸

福，他将要与之结婚的人的脾气和性情，比其他任何事情都更加重要。一个女人即使拥有再多的美德，如果她脾气暴躁又唠叨、挑剔，性格孤僻，那么她所有的美德都等于零。"

许多男人丧失斗志，放弃了可能成功的机会，就是因为他的妻子常常给他泼冷水，打击他的每一个想法和希望。她总是无休止地挑剔，不停地抱怨丈夫，为什么他不能像她认识的某个男性那样会挣钱，或者是他为什么得不到一个好职位。有一个这样的妻子，做丈夫的怎能不变得垂头丧气？所以，愿不愿意改变，那就看你自己啦！

6. 多想对方，少想自己

夫妻之间不能计较得失，家庭是一个最小的单元，两个人只有同舟共济方有幸福的生活。因此，在家庭中唯一的目标是使家庭生活幸福、美满，为实现这一目标，一切都可以调整。

有的丈夫有大男子主义，只愿妻子在家照顾自己，其实这是一个很不好的想法，因为妻子对一个男人来说不仅仅是助手、帮手，对家，她还是他精神的伴侣，长期把妻子置于家中，妻子的精神就会衰变，而整日在外的丈夫有一天会突然觉得她失去了光彩，不再吸引他，于是家庭的裂痕就可能出现。所以，在家中丈夫多吃些亏，干些家务并不是坏事，自己似乎多吃些亏，浪费些时间，但却与太太增进了感情。

反之亦然，一位妻子若只想自己享乐，从未把帮助丈夫列入自己的计划，下班以后，晚上活动不断，从不在家；如果在家了只是干自己的事，玩自己的，对丈夫不问不管，这样的妻子是够痛快的，但终究会失去丈夫的爱心。一个妻子要把丈夫的事业视为自己的"终生职业"，这样似乎个人少了一些玩的时间，但收益却是无穷的。糊涂学的情爱之道在于想对方、为对方，看起来吃亏很大，但实际上是吃亏越多，幸福越多。

一个家是由两个人维护的，那么以谁为主？两个人都是有事业的，那么家务由谁来做？家庭生活里这些矛盾是不可回避的。怎么办？

多想对方，少想自己。多做贡献，多做牺牲是最好的办法。

首先，我们看一下如何处理。

婚后夫妻常常面临一个突出的矛盾，即事业和家务之间的冲突。中年夫妻中，这个问题更加尖锐，事业与家务矛盾处理得好不好，直接关系到事业上成败和夫妻关系的稳定与否。

事业与家庭的矛盾主要体现在业余时间的支配上，除了上班和休息时间以外，每天的空闲时间总是有限的。用于家务时间多了，用于事业的时间必然就少；而事业上的发展是与时间精力的投入成正比例的，家务繁重，势必影响事业的发展。用于事业的时间多，就很难兼顾家务劳动，尤其是双职工家庭，两人都有自己的工作，同时家务又很繁重，事业和家庭的矛盾就更加突出。这个矛盾如果解决不好，就会给夫妻关系带来麻烦。要妥善处理夫妻间因事业和家务而引起的矛盾，可以在以下三方面下功夫：

　　第一，齐头并进。

　　首先是在事业上夫妻共同前进。各自根据自己的兴趣爱好、特长，选定自己的主攻方向，互相支持，携手前进。特别是在双职工家庭中，夫妻都有自己的工作、事业，实行岗位责任制后，人员有定额，工作要求高，需要不断更新知识，提高业务能力。作为丈夫要破除"天然中心"的思想，而妻子则要克服自卑心理和依附心理，古今中外在事业上有造诣的人，女性不乏其人，如中国古代的蔡文姬、李清照，现代的冰心、丁玲、郎平、孙晋芳及居里夫人等，在事业上，男女是平等的，不存在谁依附谁的问题。如果夫妻在事业上都需要发展提高，那么就要互相配合，予以平等的发展条件。其次是在家务上齐心协力，密切合作，见缝插针。

　　夫妻都要做到眼勤、手勤、腿勤。其实有些家务活很简单，只要夫妻一起干，很短时间就能料理完，这样既不耽误双方的事业，又能及时做好家务，还能充实生活内容，增进夫妻感情。

　　第二，保证重点。

　　所谓"保重点"，就是一方甘愿做出自我牺牲，多承担家务，保证配偶集中时间和精力从事于自己的事业。这里首先要解决重点的确定问题。重点并非自封的，也不是某人指定的，而是根据客观需要和夫妻各自的素质、潜能等综合考虑后确定的。一般说来，谁的发展前途大，谁急需要更多的时间学习提高，就以谁为重点，所以男女都有可能作为重点。重点确定后，非重点的一方要自觉主动地承担家务，当好配偶的"贤内助"，为其事业成功铺平道路。

鲁迅的夫人许广平，在文学上也是有很大造诣的，但为了支持鲁迅的事业，她主动地当起贤内助。有段时间家里经济较拮据，她想外出工作，但后来还是放弃了初衷。因为她同鲁迅商量后，觉得这样做势必拖累鲁迅，得不偿失，于是，她就任劳任怨地甘当鲁迅的"后勤部长"。生活中，不少妻子为了丈夫的事业，默默无闻地牺牲自己。也有丈夫为了妻子的事业而甘当配角，家务一身担，孩子包下来，以解除对方的后顾之忧。

当然，非重点的一方也应该积极创造条件，不断提高自己，尽量缩小夫妻间的素质差异，以保持"角色平衡"。

在一对夫妻中，并非重点永远是重点，非重点永远是非重点，两者是可以相互转化的。比如，开始是妻子包揽家务，使丈夫读研究生；当丈夫毕业，有了稳定的工作时，妻子又由于工作的需要而外出进行业务进修。遇到这种情况时，丈夫和妻子都要尽快适应这种变化，顺利完成重点与非重点的位置互换，尤其是降为非重点这一方，要努力消除心理上的失落感，挑起家务重担。

第三，简化家务。

美国的琼斯夫人在她的《时间的挑战》一书中，强调人们应简化家务，致力于自己的事业。为使人们更好地利用时间，提高工作效率，琼斯夫人提出了一些简化家务的具体措施：去商场购物，外出进餐或去看电影，一定要避开交通高峰期；多留几把备用钥匙，放在易找的地方，当"值日者"失踪时，你可以马上调用"后续部队"；不要试图让任何事情都完美无缺，那只是无益的空想，只要把家收拾得井井有条，窗明几净，令人舒畅就行了；无论是对家人还是客人，饭菜都要简单一些，你不拘礼节，客人就会感到轻松自然。回请时，他们也就不会浪费时间"大宴宾客"了。

总之，夫妻双方必须有对共同事业的理解和追求，要相互尊重和体谅对方对事业的时间投入和精力投入，为对方事业的成功创造条件。

第九章

不妥协不将就，
为自己而活

　　一个不将就自己的女人，连灵魂都自带
香气。越是对自己不将就的女人，她们的人
生会越过越美好，越过越幸福。生活不只有
一种方式，我们完全可以好好善待自己，对
自己好一点，让自己的生活变得丰富有趣。

1. 女人，应该为自己而活

女人，不管你的外表是否美丽，也不管你的心智是否聪慧，都要凭着自己的心性去过自己想要的生活，要为自己活着。相信这句话：你不要去为任何人而活，包括你爱的人。你可以为他献出生命，但是你不能为他而活。

玉兰家境条件不好，兄妹又多，中师毕业后回到家乡当了一名教师，可是后来受人排挤离开了校园。离开校园的她不久就嫁给了一个大她三岁的男人。男人在外面做生意，一年也回不了几次家，后来她有了一个女儿，这使她在那个重男轻女的家里彻底失去了地位，婆婆对她的态度变得越来越恶劣。丈夫回家的次数也更少了，后来听说在外面有了外遇，要和她离婚。离婚后，她自己带着孩子很困难，别人都劝她再嫁个人吧，一个女人带个孩子不容易。可是她不同意，她怕"后爸"对孩子不好。自己凭着中师毕业的资格，在家办了个幼教班，收了几个学生，以维持生活。30岁的女人，看起来异常苍老，她常说："我这一辈子什么都没有，就指望我闺女了，要是没有她，我早就不活了。"

　　为了孩子，为了丈夫，女人留给自己的生活空间愈来愈小了。当然，不是说女人的奉献精神不好，而是女人在关爱孩子和丈夫的同时不要把自己给遗忘了，也要为自己而活，不要把一切的一切全部地投注到一个男人或孩子的身上。

　　生活中，我们常听一些女人感慨：好累呀！好烦呀！其实，你完全可以不烦不累的，问题是你要懂得如何生活，懂得为自己而活。没有什么比这来得更实在、更重要了。为自己而活就是要认真过好每一天，全力以赴地去做每一件事。

　　李一丹，一个很有个性的女人，自己开了一个行摄书吧。她的生活理念是：为自己而活，活得精彩。她说："我不是一个非常看重物质享受的女人，我更关注生活里每一点一滴的感动。因为对我来说，生活本身比一切东西都重要。我有一个以旅行和摄影为主题的书吧，我倡导的一个理念是热爱生活，我发现无论是旅行还是摄影，都是人对自然和美的向往和亲近，通过这样的方式会比较轻松，忘掉生活中的烦恼和琐碎的事情，让人开始关注生活的本身。"

　　每个人都是独立的，女人首先要为自己而活，把自己调整好了，自尊自强自爱，生活才会更有价值，这样的女人身上会散发出迷人的芬芳。作为独立的女人，平凡的人生并不意味着平淡，在适当的时间做一些适当的事，照样可以活得精彩。

　　（1）多读书，多思考。其好处到你25岁以后会逐渐显现。知识才能改善命运，而老公只能改变你的生活，你可以是知识的主人，但你只是老公的配偶。

（2）争取考入一个起码二流的大学，当然一流最好。读大学的时候不要错过一切可以自我表现和锻炼的机会。

（3）每天把自己打扮得漂亮可爱一点，投入地爱一次，大多数女人需要一次刻骨铭心的爱，这样可以尽早实现情感免疫，也可以为未来的日子留出更多理性的空间。

（4）如果你不打算做"丁克"，条件又允许的话，趁着父母亲身体尚好还可以做"兼职保姆"，抓紧时间生个孩子，这种结果对于一个重视正常流水线生活的女人来讲是有必要的。

（5）能不错过婚姻，最好不要错过。当然一旦错过，千万不要将就，找错人给你和他带来的伤害可能比不结婚还要大。结婚不是一件十分大不了的事情，如果是为了父母亲结婚的话，那就试着去爱你的老公，慢牛股虽然没有激情，至少不会狂起狂跌，免得你身心交瘁，疲惫不堪，但据说也有可能让你如坐针毡。

（6）要有几个红颜和蓝颜知己，红颜知己可以让你了解和放松自己，蓝颜知己有助于你了解男人和这个社会。

（7）学会跟已婚男人愉快而又不越轨地交流，同时也要学会拒绝的技巧。如果他离开，不要去追，就当他们是一片美丽的风景，但绝不需要你留下来做园丁，因为那里园丁已经很多了。

（8）超过25岁有男朋友的，如果没有什么大不了的矛盾最好不要考虑分手，尤其你还是个以结婚作为归宿的人。年龄越大，跟陌生人磨合的成本越高，不过，生活是自由的，单身有单身的寂寞和快乐，结婚有结婚的苦恼和孤独，如果不考虑以婚姻为归宿，那你不必在意。

（9）如果你决定和你所爱的人结婚，不要在乎主动付出，做一个体贴的好老婆，能有人值得你付出女人的一切是你的幸福，也是婚姻漫长夜空中闪烁的礼花，有爱才有温存，有温存才有幸福。如果不幸没有找到这个人，你要知道自己在做什么并能为自己负责就可以了。

（10）过了28岁以后，要全力以赴自己的事业。这时候的你是最累的，既要是个好老婆，还要是个好员工，如果你很荣幸地成为了企管中层，那恐怕你绝不担心减肥的事情了。也不是每个女人都有这种强烈的事业感，那至少你可以做一些自己喜好的事情，哪怕写点文章，琼瑶阿姨写的东西就卖了不少钱，也许你可能比她还强。不要只喜欢躺在沙发上看电视和吃零食。

（11）买一个自己的房子，可住可租。有机会不妨出国旅游，既放松又长见识。实在资金不足还可以骑自行车出去看看路上的风光，好心情是自己创造的。

（12）你也许太爱你的工作了，不过最好别爱上你的老板。

（13）一定要做一个独立的女人，在这个前提下，找个尊重你的好老公，毫无压力地做一只小乖猫。

（14）无论如何你都找不回从前的青春感受，看到周围的年轻人，只有两个字：羡慕。这时候的女人气质最重要，气质离不开内涵，感谢你曾经读过的书和奋斗自省、乐观付出的生活历程吧，气质是装不出来的。

（15）38岁以后的女人一定要有自己的事业，这个事业不一定是公司、生意，而是能让你的生活充实的、同时也能给别人带来或多或少快乐的活动。

（16）终于可以比较放松和安全地处理两性关系了，因为性别特征越来越不明显了，况且"臭鸡蛋"对你的关注力也下降了，除非你是公众人物。

（17）如果没结婚，还可以来一次恋爱。

（18）活到老，学到老，开心到老。

一个女人一生面对的事情太多，我们无法全部列举，同样，生活赋予女人很多精彩。如果你想尽享其中的乐趣，就一定要做一个独立的女人，一个经济上、感情上、心理上和能力上都能独立的女人。你要去学会享受生活，去感受每一缕阳光的温暖，去感受每一丝微风拂面，让你的生活丰富而充实，千万不要把自己变成一个整天围着老公团团转的小女人。

2. 一定要有自己的兴趣爱好

现代女性一般都有一份属于自己的工作，工作是让一个人稳定且有规律生活的保障，不应该放弃。有一份工作让你知道每天可以有什么地方去，有时候你会觉得受益于此。可是几乎所有人都讨厌自己的工作，正所谓"干一行厌一行"。要从别人口袋里赚来钱的事情总是有外人不知道的难言之处。

大部分女人下班后的生活其实相当乏味单调。往电视机或电脑前面一坐，时间哗哗地大段地溜走。只要一看电视，你就什么也干不了。这是一种懒惰的惯性，坐在沙发上，哪怕节目十分无聊幼稚，你也会不停地换台，不停地搜寻勉强可以一看的节目，按下关闭键显得那么困难。很多女人在工作以外都是这样的"沙发土豆"。黄金般的周末，多半也是在不愿意起床、懒得梳洗、不想出门中胡乱度过。同时，几乎所有人都在抱怨没有时间，真的有时间的时候又不知道该如何打发，只是习惯性地想到睡觉和"机械运动"——看电视、玩一款熟得不能再熟的电脑游戏，顺手就打开了。事后又觉得懊恼，心情愈加沉闷。

这就需要作为女人的你，在八小时以外，能够培养一种自己的趣味，在增长自己知识的同时提升自己的品位！闲暇时间说多不多，说少却也不少。为了打发时间，也应该培养一门高雅的兴趣爱好。

兴趣是人们的一种喜好，不仅能够丰富人的心灵，而且还可以为枯燥的生活添加一些乐趣，同时还能借着它对社会有所贡献。所以，一个人只要为自己的兴趣去追求和努力，兴味盎然地去做一切事情，就能把生活点缀得更加美好。

人有各种各样的爱好，这完全依个人的兴趣而定，有高雅艺术方面的，也有在生活中形成的一些习惯。总之，自己喜欢做，又有一定追求价值的都可以算，当然，这里说的兴趣不包括吃零食、睡觉、看电视之类的。

还要特别记住，爱好只是一种乐趣而不是日常工作。爱好的事物都是喜欢的，只要喜欢就做，用不着担心是否可以完成。在过程中体验乐趣，这才是爱好的真正意义。比如说画画，不一定非得画得完完全全，不一定非得有什么主题，即兴发挥、兴趣所至就行。

业余爱好还有一个重要的心理辅助功能，那就是增强人的自信心。当你忙碌了一天，却因发现自己一事无成而很不开心时，不妨忘掉这些，马上投入到自己爱好的事情上，这时你会忘掉一天的烦恼，进入到享乐的情趣中，同时自信又会重新产生。爱好的事情常常都会做得非常好，因为是自己的特长，甚至有时一个人的爱好还可成为一种谋生手段，改变一个人的职业生涯。所以，当女人无所事事时，不妨发展自己的爱好，它可以帮助你减轻生活压力，同时带来无穷的乐趣。

拥有迷人的魅力是每个女人的梦想，因此，有成千上万的女性在寻找打造迷人魅力的秘诀。想要成为富有魅力的女人，不仅要注重外表的修饰和内在文化的修养，更应该重视自己的兴趣与爱好，只有这样才能长久地保持神秘感和对异性的吸引力。

试想，一个女人虽具有美若天仙的容貌，但如果没有一点自己爱好的东西，也没什么目标，整天默默无闻地跟在男人身后，没有自己的事情可做，那么，外表的美会变得非常脆弱，而她也没有什么魅力可言，任何有品位的男人都不会欣赏这样的女人。

晓颜今年20岁，长得清秀可人，并且还拥有魔鬼身材，见过她的男孩无一不对她爱慕倾心。在众多追求者当中，女孩看上了优秀的小辉，并且答应做他的女朋友。"天有不测风云"，他们交往还不到半年的时间，小辉突然提出要与她分手，女孩向小辉询问分手的原因，他没有回答，只是默默地走开了。女孩很伤心，但由于身边的追求者较多，很快又与一个叫李彬的男孩交往了，但交往了大概三个多月，李彬也向她提出了分手，这对于女孩子来说，无疑是一个晴天霹雳的打击，她不明白自己有如此靓丽的外貌，为什么小辉和李彬还会选择与她分手？难道自己就那么不讨人喜欢吗？她心中有着各种难以解开的疑问，于是又向李彬寻问分手的原因，李彬无奈地说："知道吗？我第一次见

到你，就被你的外貌迷惑了，我从未见过如此美丽的容貌，足以
将人融化，令人为之心动。还记得当时的那个画面，温温的、暖
暖的声音，还有你浓浓的柔情眼神，让我就这么陷了进去而无法
自拔。但和你交往的这几个月以来，从来没有听你说过自己喜欢
什么，对什么比较有兴趣，平时问你想要去哪里玩，你总是说无
所谓，哪里都行。我一直都很喜欢有情调的女人，讨厌盲目的女
人，晓颜，你的没有主见让我窒息。"就这么几句话，他转身而
去，没有任何的犹豫、任何的停留。

如果女孩有自己的主见，有自己的目标，有自己的爱好，
或许她们会有美好的未来。但一切都晚了，是这种盲目使她的幸
福从自己的手中偷偷溜走。可见，发展个人的兴趣与爱好对于女
人来说有多么重要，它影响着一个女人独有的气质，甚至未来的
幸福。

所以说，品位女人一定要有一种自己的兴趣爱好。那么，到
底如何培养一份属于自己的爱好呢？

（1）培养一项高雅的爱好，认真地研究你的爱好，或许有
一天，你的爱好会对你的职业有莫大的帮助。有一门业余爱好，
若发展到了相当高的水平，有可能改变你的人生。

（2）请选择这样的爱好：音乐、绘画、雕塑、舞蹈、书
法、围棋、国际象棋、鉴赏古物、品酒、桥牌、学习一门外语，
等等。如果你有条件，最好请一位私人教师，你会发现一对一的
学习效果令人吃惊。

（3）为了大脑的灵活，至少学会欣赏古典音乐。有位女士
说有太阳的早上自己会放男高音帕瓦罗蒂的曲子，浑身充满了高

昂的情绪；阴天的早上则放忧郁的日本音乐，这种哀愁像雪天里饮清酒。还有一位女士会在商务谈判时为客户播放贝多芬的音乐。难道不很有创意吗？

3. 找个给自己买礼物的理由

享受爱人体贴的照顾是每个女人都非常乐意的，男友送的礼物即使是很普通的东西，也会让女人心里乐滋滋的，因为那是一种被爱的幸福。在男人看来，女人对于礼物总有千奇百怪的理由，在每个独特的节日或者纪念日，她们总是期待着收到礼物。男人常常会忘记这些，但是女人却很在意。生日的时候，如果男友能送上一件自己心仪已久的礼物，即便是在意料之中，也会欣喜不已；情人节的时候，男友如果忘记送上一件哪怕是很小的礼物，女人则会失落许多……

可是，礼物一定要等男人来送吗？如今新女性的回答是：不！让男人给自己送礼物不再是女人最向往的，现在，越来越多的女性开始享受自己给自己买东西的乐趣。男人送的礼物珍贵在那一份情，礼物本身往往不是重点，特别是有的时候别人送来的礼物并不合乎自己的心意，但是又不好意思丢弃。而自己买的东西无疑更让女人感到舒心，不但可以更切合自己的需要，更是对自己的一种犒劳和奖赏，那份满足的感觉就像一个人坐在吹着海风的沙滩，看着蓝天与海水在天际处拥抱，无拘无束，自由自在。

张晶今年30岁了，是一家公司经理，单身。30岁生日那天，她收到了很多朋友发来的短信，后来也收到过一些朋友迟到的礼物，像香水、化妆品啊什么的。但这些礼物都没能抵消她取悦自己的欲望，于是很快她就给自己买了一架一万四千块的钢琴。她说，这份礼物可跟奢侈品不一样，那不仅仅是寻求稍纵即逝的快乐，而是开发自己的兴趣和潜能，让以后每一天的生活都有美妙的音乐相陪。后来她为了自己工作更加便利和舒适，给自己又买了一台SONY最新款的电脑笔记本。她说，给自己买礼物的时候，她有一种很强烈的成就感。礼物本来就是拿来取悦于人的东西，当然可以拿来取悦自己，女人就应该知道如何让自己开心。

女人一定要善待自己，哪怕只有10块钱，也可以拿出其中的1块钱来满足自己，给自己买点东西。情人节的时候，为什么一定要等别人来送自己花呢？很多时候，希望带来的是更大的失望。还是自己买吧，只要两朵玫瑰或者百合，插在注满了清水的花瓶里，放在卧室或者办公桌前，闻着那淡淡的香味，快乐就是这么简单……女人要欣赏自己，要宠爱自己，如果向男人索宠太难，那就自己来买吧！买一份礼物给自己，自己宠自己一回。

王平是一位很时尚的女性，在一家公司工作，是典型的白领，有较高的收入和一个帅气又疼爱自己的男友。但是她不喜欢每天缠着男友给自己买东送西，而是喜欢自己给自己买礼物，情人节、"三八"节和自己的生日，她会给自己买一大堆礼物，有首饰、护肤品和最新款的服装；心情好、工作顺利的时候，她也会给自己买一堆礼物来犒劳自己……她的生活过得既充实又有滋有味。王平说，女人要学会自己宠爱自己，记住什么时候都不要亏待自己，不要想着让男人给你买礼物，用自己的钱买自己喜欢的东西，是一件很舒心的事情。

这是一个聪明的女人，她懂得如何让自己活得快乐。

女人要对自己好一些，不要介意用了一个月的工资去买一条MISSIXTY的裤子，也不要把自己的幸福寄托在别人身上。等待而来的礼物就像是被恩赐的爱，总是会有失去的忧虑，而且如果总是想着要男友给自己送礼物，迟早也会让他感到厌烦。女人还是要学会宠爱自己，找个理由送自己礼物，不用看别人的脸色，也没有赌气的危险，自己快快乐乐地买，快快乐乐地用，牢牢把握住幸福的主动权。宠爱自己就给自己买东西。

4. 家务不是女人生活的全部

现代女性生活的内容好像总是游走于公司与家庭之间，白天的时间全部给了工作，下班后还要在家庭中扮演重要的角色，生活得很累很辛苦。完全没有了自己的空间，自己也变得不快乐。如果因为纯粹追求一种物质上的生活而让身体变得乏累，是不是太得不偿失了？我们生活的目的又是什么呢？

没有什么人是真正乏味的人，每个人都有自己的爱好和兴趣，只是因为生活的压力，不得不压制自己的各种爱好。其实，生活本身完全可以过得丰富多彩的，所以要合理地安排工作与生活，试着放纵一下自己，你会发现你的生命将充满活力。

薇薇曾经是一个活泼开朗、浪漫多情的女孩。有很多爱好，喜欢旅游，喜欢交友，喜欢读书，可她又是一个为了爱情不要命的女子。大学毕业后，她原本准备考研究生，可是禁不住男朋友的一句"我们结婚吧，我爱你，也需要你"。她毫不犹豫地选择了爱的奉献，在家里做起了全职主妇。再后来，丈夫说要继续深造，她又一次做出牺牲，全心全意支持丈夫去读博士，她心甘情愿承揽了所有的家务，整天忙得昏天黑地，解除了丈夫的后顾之忧，独自一人承担着孩子的抚养与教育。

丈夫博士毕业后，随着俩人工作、生活、环境的变化，两个人之间可以交流的东西越来越少。薇薇很迷惑，为什么自己付出这么多，老公怎么好像视而不见呢？终于有一天，老公说了一句话，让薇薇震惊了。老公说她简直就是一家庭妇女，整天就想着眼皮子底下那点鸡毛蒜皮的事情，很乏味。薇薇看着镜子中的自己，突然发现，自己刚刚30岁，对于一个女性来说，应该是一个最有魅力的年纪，而自己把自己搞得怎像50岁的人。她问自己，为什么要活得这么辛苦呢？为什么现在变成了一个如此乏味、如此单调的人呢？难道为了家庭就注定自己要做出牺牲，就注定自己不能有自己的爱好，注定自己不能有自己的一片天空吗？

后来，薇薇果断地做出了一个决定，迅速地给家里找了一个保姆，把公公婆婆叫来帮忙带孩子。她穿上职业装，出去找了一个很舒服的工作。工作之余，和朋友聚个会、聊聊天，时间充足，约上三朋五友去郊外搞个野炊，闹腾一番。没过多久，薇薇就容光焕发，好像换了一个人。很快，老公也发现了她的变化，生活又回到了从前的样子。

　　无论是夫妻也好，恋人也好，其物质基础是两个独立成熟的个体，两个人在一起，应该使两个人生活得更加独立、更加快乐，但这并不意味着原来独立的自我消失了。

　　因为，只有有自我和自信的人才会真正享受美好的爱情婚姻生活。爱情中的双方本来就是两个相交的圆，相交的那部分是彼此分享的领域，可以让双方交流一些感兴趣的话题；未相交的部分是给个体提供成长的空间，让各自保持个性，只有保留自己的个性空间，才能保持长久的吸引。

　　生活中不乏这样的例子，两个曾经相爱的男女，携手进入婚姻的殿堂。为了爱情，为了生活，女人牺牲自己的一切，不但要辛苦地工作，还承揽一切的家务，牺牲自己的爱好，竭尽全力让老公不为家里的事情担忧和困扰，无牵无挂地在外打拼。按理说，这应该是一个很幸福的家庭。可事实是，很多时候，当男性事业有成的时候，他们看似美满的家庭也要解体了。

　　大多数人可能会把原因归结到男人的负心上面。于是，就有了一句话"男人有钱就变坏"。可是，事实如此吗？婚姻和感情需要双方共同维护，这种维护不但是物质层面的努力，还包括精神的交流和沟通。男人在外面打拼，接触到的是一些比较新的事物，关注的很多东西与工作有关；而女人呢，生活的全部就是家

务、老公和孩子，说来说去就是一些柴米油盐、穿衣吃饭的家务
琐事。夫妻双方可以交流的话题越来越少，久而久之，家庭就会
出现一些问题。

爱他，一定不要失去自我。要知道，他当时爱上你的时候，
是因为你的个性，是因为你是一个很丰富的人，如果你为了他去
改变自己，改变自己曾经吸引他的地方，磨灭自己的兴趣和爱
好，那只会离他越来越远。

同时，生活中不是只有爱情，也不是把所有的家务做好，把
孩子照顾好，就能美满幸福。丈夫重要，孩子重要，但最重要的
还是要享受生活。

5. 给自己一场说走就走的旅行

生活在城市中，我们的心灵似乎蒙上了一层厚厚的现代的尘
埃。它压抑着我们的情感，遮盖了我们的心灵，使我们常常迷失
了自我。这时候，你是不是需要一个宣泄的舞台呢？

让心灵去外出旅行吧，找回原来真实的自我。让自然的空气
净化我们的心灵，让自然的柔风细雨洗掉我们的尘埃。出门旅游
给我们带来的不只是视觉上的享受、体力上的锻炼，更多的是一
种健康的生活方式。

晓娜在北京一家公司做招标部主任，平时工作很累。连续加

班几个月拿下了一个大项目，好不容易盼来了今年的休假，却不知道该怎么过才好。以前节假日要么加班，要么躲在家里睡觉看电视。晓娜的理论是，平时加班加点已经够忙了，放假了还不赶紧休息休息？几个死党却是忠实的"酷驴"一族，在死党的劝说下，晓娜终于背着包和她们一起去了云南，决定来个徒步游。

在穿行云南的日子里，晓娜感觉走过的地方有太多震撼人心之处。初见玉龙雪山的惊喜，在泸沽湖所见过的最美的星空，丽江古城的醉人，虎跳峡的惊心动魄，滇藏之路的险象环生，梅里雪山的秀美雄伟，冬日澜沧江的翠绿，和顺侨乡的祥和，九龙瀑的壮观，罗平田园风光的清新迷人，元阳梯田的目瞪口呆，抚仙湖的宁静清爽……风景的美丽，大自然带给人的感触，难以用言语来描绘。

最令人难以忘怀的，是沿途遇上的那些人和事。在德钦让晓娜她们搭便车的那个善良的藏族司机，泸沽湖畔衣着单薄的失学儿童，外表和内心一样美丽的傣族姑娘，西双版纳那些无私帮助她们的陌生人，让久居城市的晓娜内心深处有一种时时想泪流满面的冲动。晓娜感慨，这次的旅游经历让自己的生命更加完整。这才是健康的生活。

旅游之后，回到北京，一种压抑感立刻随之而来。浑浊的空气，拥堵的交通，让晓娜快乐的心情完全地消失了。回想曾在旅游时的那种快乐，现在怎么不见了？晓娜迫不及待地给死党打电话商量：下次我们去哪里旅行？

男人总是说，女人的欲望是很难满足的。他们不知道，女人的欲望最简单，她们要的，只是一种心灵的放飞。

　　阿敏是个很感性的小女人。阿敏喜欢说，旅游是给心灵放风筝。感觉自己累了，就和男朋友出去旅游，每到一个景点，拍几张照片，把瞬间的美景连带二人世界的欢声笑语收入记忆的仓库。过些日子心灵疲倦时，再把积存的照片倒腾出来翻阅，让生活变得有滋有味。

　　最近去的九寨沟旅游就是一次心灵的放飞。九寨沟的风情太迷人了。似乎总有一首无言的歌在心头激荡，阿敏真想拥抱这片神圣的土地。九寨沟那著名的"海子"，如人间琼池一般，"海子"的澄澈、美玉般的情怀是那样令人为之陶醉，为之忘情。依偎在男朋友的怀里，她觉得十分满足。阿敏想，爱情有了这种感觉就足够了。

　　受到美丽的大自然的感染，心情也如山般葱茏，流水般清澈。从九寨沟回来后，那种美好的心情久久没有消退，阿敏的整个人似乎仍被一座座青山拥抱着，被千万个"海子"抚慰着。虽然天气闷热，但阿敏的心境却一片清凉，有郁郁的树林，有潺潺流水，有鸟儿在歌唱，罕有地惬意，长久以来喧腾的心灵也有了安顿。

　　旅游的日子里，阿敏不带相机，关掉手机，只为闭上眼睛，避开尘世的纷扰。理一理心灵中的荒秽，除掉功名利禄，除却一切世俗的烦忧，什么考博、职称，统统地去吧。任思绪信马由缰去追寻古人的足迹，与他们做一次心灵对话。向庄子借一只大鹏，展翅翱翔，心随鹏飞，飞翔至天际，降至那青青绿草处；向陆游借一方扁舟，一叶飘然烟雨中。

　　此中快意，实不足为外人道也。

旅游的日子里，不用看电视，不用想着要买份当天的报纸来看看，不用关心布兰妮又找了新的男朋友没有，也没兴趣知道娱乐圈有什么新的绯闻，不担心男朋友会在中午用电话把自己从睡梦中惊醒。回来后，才知道原来这短短的两个多月，身旁发生了太大的变化：银行又减息了，油价升了又跌，布兰妮又离婚了，男朋友考博成功，如愿以偿……

阿敏淡然一笑。生活，那么美好。

人生就是一场旅行，不必在乎目的地，在乎的是沿途看风景，及看风景的心情。

6. 尝试下厨，做几个好菜

现代生活的忙碌使时尚女性们对厨艺变得生疏。她们每天流连于各种餐馆，美其名曰"外食族"。她们似乎遍尝美食，遗憾的是，健康状况却每况愈下。想改变这种情况吗？那就尝试下厨，做几个好菜吧。精妙的厨艺在烹煮出营养与健康的同时，也传承着生活的智慧。

"上得厅堂，下得厨房"，不仅是许多职业女性的追求，也是男性理想中的完美女性。它意味女人不但在外面要是一个交际广泛、工作能力强的女性，回到家还能进入厨房做得一手好菜。

有些时尚女性，尤其是一些年轻女孩，生怕进了厨房会被油烟熏成黄脸婆。然而，只有传说中的仙女才不食人间烟火，既在凡世，哪有不沾半点油烟之理呢？

　　阿娇是位标准的大小姐，属于十指不沾阳春水的类型。她从来不逛菜市场，偶尔帮妈妈提着菜篮子，但见满眼都是菜叶、满是腥气的鱼、血淋淋的肉，她只想赶快"闪"，她想象不出那会变成青翠的小白菜、鲜美的清蒸鱼和丰美的牛肉萝卜煲。她是一个不谙厨艺的女子，她一直想不通色香味从何而来。

　　只是，生活通常不会这么理想，也不会简单。不会下厨的女人是不完美的，即使她很美丽。聪明高贵的男人可能会被她美丽的外表所打动，同样会被她的不食人间烟火吓走。安顿男人的胃，打动男人的心。

　　刚很早开始下海，在商场拼搏八九年，如今已拥有一家资产上亿元的集团公司。每天环绕在这位成功男士身边的美女如云，但他从来不搞"小蜜"，不泡"三陪"，每天晚饭前准时要赶回家里。因为他要回去喝老婆煲的汤。也不知太太在汤里放了什么灵丹妙药，总之，如果哪天没喝太太煲的汤，他就浑身不舒服。多年以来，他对太太的感情一如对太太煲的汤一样一往情深。

　　生活其实很简单，不过就是一日三餐。一个女人，如果她喜欢下厨，她做的每一道菜都令老公吃得津津有味，这起码说明她疼爱老公、珍惜家庭、热爱生活，她的爱情生活也必定是幸福的。

生活就是炒菜做饭。女人的贤惠最基本的不外乎操持家务，把家收拾得干干净净、清清爽爽的，再加上会做一手好菜。有句老话说的是，要留住男人的心，先留住男人的胃，其实不无道理。男人通常喜欢吃，但又懒得花心思，所以有个会做饭的老婆，男人通常会当宝贝一样珍惜。

会做饭，而且能做出一桌可口饭菜的女人，才可能是一个充满女人味的女人。

做饭能令女人更加美丽。试想，一个饭都不会做的女人，营养会很好吗？营养不好是要被饿得皮包骨的，估计抹上胭脂也得往下掉吧。这是外在美。内在美也一样。做饭体现了一个女人的内在素质和干练，甚至可以说不会做饭的女人不是一个完整的女人！

这种观点并非大男子主义，要知道，就连日理万机的"铁娘子"撒切尔夫人，当年也曾以热衷于下厨而被传为美谈。

做菜不只是一个生活技能，更是一种生活态度。女人应该用做菜的态度对待生活，追逐生活色香味美。试想当我们把做菜当成一种有创意的工作，甚至一种艺术创作，当家人和朋友们分享你做的美味时，看着他们满足的神情，你一定会由衷地体会到生活的美好。

7. 买自己想要的东西

又一个周末，李璇无所事事地待在家里上网打发时间。男
朋友出差了，她已经不习惯一个人逛街。看着姐姐漂漂亮亮地出
门，大包大包的袋子提回家，给自己买了条漂亮的水晶项链和银
耳环，还有一些漂亮的衣服，心里不免酸酸的。以为姐姐会给自
己也买了东西，结果姐姐回了一句：刚才叫你怎么不去，自己赚
钱自己买去。

是啊，两个人的工资水平差不多，为什么不能像姐姐一样打
扮得漂漂亮亮出门逛大街？自己挣的工资，爽爽快快拿出一部分
买自己想要的东西，有什么不可以呢？看着姐姐在穿衣镜前得意
的样子，李璇明白了，谁说需要了才能买东西，女人，就是在购
物中享受生活。

就像男人抽烟、玩游戏一样，女人购物其实也是享受生活、
放松心情，或是发泄郁闷的一种方式。常常有这样的情况，女人
一和老公吵架就会到商场狂购一气，买完东西花完钱了，心情也
就自然好起来了。

女人天生喜欢逛街、买东西，犹如叽叽喳喳的鸟儿往返衔枝
垒窝，她们一定要亲手用细心和纤巧玉手营造温馨幸福的港湾。

平淡如水的岁月，女人忙着相夫教子和操持家务。最开心的一刻莫过于周末约上闺中密友，跑女人街、逛城隍庙、上四牌楼去"沙里淘金"，然后大包小兜地满载而归，脸上写满舒心得意的神采。

这才是女人，女人本来就是天生的"败金"主义者。男人喜欢说，女人都是天生的购物狂，买起东西来简直无药可救，这其实是不理解女人。购物狂不好，很多男人都养不起，所以聪明的女人不会为了购物而购物，也不会买超出自己承受能力的东西。她们没有想着花男人的钱购物，她们只是习惯了看到喜欢的东西就买回来而已。喜欢一样东西，用自己的能力去得到没有什么不合适，就算用双倍的价钱去买了一张喜欢的CD又怎么样，只要能在第一时间听到偶像的歌声，自己觉得值得就好。难道这就是男人所说的无药可救？什么是女人生活的乐趣？值得与不值得是要看自己怎么去理解，心情好才是购物的最终目标。

一般的女性，少女时代没怎么赚钱，往往不吝于为自己上下打扮。等结婚有了积蓄，反而由于生活的压力对自己小气起来。

进入"围城"里的贤妻良母常常都有这样的经历，看到自己喜欢的漂亮衣服、包包、化妆品，总是一忍再忍，想攒好了钱给家里添一件大背投；几年后孩子长大了买个钢琴；甚至，人家都买了第二套房了，自己也要攒钱再买一套，好赚取租金。殊不知，这一切原本都是为了提高生活水准，为什么现在不用在自己的身上呢？不承想老公无意间埋怨一句：我就知道你不会买什么好东西，也不会打扮自己。一腔心血付诸东流，我不会买好东西吗？我出去看中的都是好东西，可价格不菲，只好退而求其次。现在想来真是痛彻心扉，所以女人们啊，该觉醒啦！

想想一个月赚多少钱，再想想用在自己身上多少钱，难道你一辈子就准备像苦行僧一样生活，为家庭、儿孙积累财富吗？要知道随着社会的发展、生活水平的提高，你的后代一定会比你生活得好，儿孙自有儿孙福嘛！

结了婚的女人为家庭付出了很多，已经够累了，更要自己爱惜自己，让自己这一生不要过得太苦了。

因此，有什么真正喜欢的东西快买吧，只要自己还能承受。比如漂亮的睡衣，不要再把自己穿旧了的衣服当睡衣穿，那样老公觉得你没有魅力。也许还有意外收获——你能体会到穿蚕丝睡衣的好处，真的很舒服，穿在身上柔若无物，摸在手上光滑舒适，为了老公，更为了自己，买上两套又如何。只要算一算，它只占你工资的一小部分而已。各种美容用品，买吧。眼霜真的能收缩你的眼袋呀，公司不是有姐妹已经试过了吗，不要再犹豫。美容用品能延缓衰老，当青春不再时，你有再多钱也是来不及的事了。

能够想到以后的生活，未雨绸缪，是对自己负责的生活态度，但是千万不能太甚。人生最好的生活方式，就是一边计划未来，一边享受现在，即使只是小小的享受，也比终于熬成正果，坐拥豪宅，却只剩下一颗苍老的不会享受的心要好。

紧张和吝啬是会养成习惯的。女人，不要等到你不会享受了，再来享受生活吧！如果你的预算不够你海南双飞游，你也可以坐上公共汽车，和你心爱的人到郊区去露营一次，在山野间纵情地享乐一番；假如你的收入的确不够你去欣赏一场演奏会，你仍可以买回一张碟，在家放给自己听；就算你们的确不能去西餐厅浪漫一回，你也可以在家烹饪最拿手的水煮肉片，然后冲个澡洗去满身的油烟味，穿上你最美丽的衣服清清爽爽地坐在红烛前，喝杯红酒……

只要你想得到，只要你愿意享受生活，你就可以不必因为为以后打算，而把自己弄得灰头土脸，没有一点情调。所以，若是真喜欢一件东西，就买吧！

第十章
宠辱不惊，以优雅的
姿态走过生命的悲喜

　　女人要懂得宠辱不惊，只有这样，才不会在岁月里走向庸俗。想由心生，所见皆所想。心中有快乐，所见皆快乐；心中有幸福，所见皆幸福。一个知足感恩的小女人，见山山笑，见水水笑。这才是一个女人应该达到的境界。

1. 知足的女人才能常乐

追求幸福、满足欲望，是人与生俱来的本能。一个人有所追求是有激励作用的，但是不能超出自己的能力和实际情况，更不能使用违法的手段来获取。这就要求要有一颗知足的心，不要求过高，才能保持心理的平和与快乐。

知足常乐也是道家精神修炼的重要内容。老子提倡少私心，寡欲望，知足常乐，反对贪婪的修炼思想。老子认为"祸莫大于不知足，咎莫大于欲得。故知足之足，常足矣"。

世上没有比不知足更大的灾祸了，只有知足，才能经常感到满足，身心清静，长生久视。在声色犬马、充满诱惑、尔虞我诈的古代社会里，能尖锐地提出摒除一切私欲的干扰，知足常乐，以求长生久安的修炼思想，可见道家精神修炼的高境界。

司马承祯说："知生之有分，不务分之所无；识事之所当，不任事之非当。任非当则伤于智力，务过分则弊于形神。"又说："衣食虚幻，实不足营……虽有营求之事，莫生得失之心。"他的意思是说，不让得失之心牵着自己的鼻子走，才能做到知足常乐。

有这样一个关于乡下老鼠和城市老鼠的故事。

城市老鼠和乡下老鼠是好朋友。有一天乡下老鼠写了一封信给城市老鼠，信上这么写着："城市老鼠兄弟，有空请到我家来玩，在这里，可享受乡间的美景和新鲜的空气，过着悠闲的生活，不知意下如何？"

城市老鼠接到信后，高兴得不得了，立刻动身前往乡下。到那里后，乡下老鼠拿出很多大麦和小麦，放在城市老鼠面前。城市老鼠不以为然地说："你怎么能老是过这种清贫的生活呢？住在这里，除了不缺食物，什么也没有，多么乏味呀！还是到我家玩吧，我会好好招待你的。"

于是，乡下老鼠就跟着城市老鼠进城了。

乡下老鼠看到那么豪华、干净的房子，非常羡慕。想到自己在乡下从早到晚，都在农田上奔跑，以大麦和小麦为食物，冬天还要不停地在那寒冷的雪地上搜集粮食，夏天更是累得满身大汗，和城市老鼠比起来，自己实在太不幸了。

聊了一会儿，它们就爬到餐桌上开始享受美味的食物。突然，"砰"的一声，门开了，有人走了进来。它们吓了一跳飞也似地躲进墙角的洞里。

乡下老鼠吓得忘了饥饿，想了一会儿，戴起帽子，对城市老鼠说："乡下平静的生活，还是比较适合我。这里虽然有豪华的房子和美味的食物，但每天都紧张兮兮的，倒不如回乡下吃麦子来得快活。"说罢，乡下老鼠就离开城市回乡下去了。

一个人对生活的期望不能过高。虽然谁都会有些需求与欲望，但这要与本人的能力及社会条件相符合，不能生贪婪之心。"知足"便不会有非分之想，"常乐"也就能保持心理平衡了。

我们应该像那只乡下老鼠一样，更看重自己已拥有的生活，再心平气和去改进问题与不足。对于别人的优越，你再气，也于事无补，反倒是伤害了自己的身心，有什么好处呢？

对现实和已拥有的不满足，这无异于给你本来已经很沉重的生活再添一重负。如果没有知足常乐的心态，当周围的女人最近添置了什么饰物时，你就会向往，并决心超过她；当某位女同事有了什么样的房子时，你也会在老公面前发牢骚；当邻居的孩子读了什么重点学校时，你也要攀比攀比，让自己的孩子也去上……而当所有的这些不能得到满足时，你就会陷入严重的心理不平衡，或者为了得到它们而忘记做人的基本准则和规范，最后生活变得愈加沉重、愈加没有情趣、愈加感到压抑。

其实，生活中并没有多少永远属于你的东西。很多东西会在我们的人生旅途中渐行渐远直至消失。比如青春，比如名利，比如岁月，比如财富……而更多东西，就在我们毫无预知中已悄然消逝，当我们回首时，连踪迹也遍寻不到，仿佛从来没有在我们的生命中出现过一样。因此，许多东西并不值得拼命去追求。

在生活中，许多东西都是能够让人知足的，只要你心存一份爱心。比如，一家人围坐在餐桌上吃可口的饭菜；边忙家务边看丈夫和儿女在一起嬉戏，让一天的疲劳在笑声中消失；闲暇时坐在自己的小天地里看看书、写写字，回答儿女总也问不完的问题；双休日和丈夫、儿女背上行囊，远离城市的喧嚣，到田野、去山间感受大自然的清新；和丈夫漫步在洒满月光的小路，闻花儿的淡淡幽香，听虫儿的低吟浅唱……这些都能让你沉浸在幸福的温馨中。

如果你是一个知足常乐的女人，拥有一份自由职业，没想过要发大财，也不追求大富大贵的生活，只希望一家人和和睦睦、平平安安、健健康康，你就会心安理得地满足于生活的每一天。你会和大多数女人一样，逛逛商店，买几套合体的衣服，把自己打扮得整洁又光鲜。或者，没事时上上网，和网友聊聊天，说说心中的快乐和烦恼、听听网友们的倾诉；也进网站读读小文章，徜徉在文章真实而感人的情节里……

2. 懂放弃的女人最聪明

想必大家很早就听过"狗熊掰玉米"的故事，愚蠢的狗熊在广阔的玉米地里一直不停地掰下去，但它掰一个丢一个，到头来手里仍然只剩下了两根玉米。

虽然人们都嘲笑狗熊的笨拙无知，但自己却常常干着同样笨拙无知的事情。由于太贪多、太求大求全或者太急切，反而使自己顾此失彼。结果不但一事无成，徒劳无功，而且白白搭上了许多时间、精力、健康和金钱，真是赔大了！

因此，在漫长、现实，也是艰辛、严酷的人生历程中，要慢慢学会放弃，因为学会放弃应该被看作是人逐步成熟的标志，是一种美德。

大多数女人都希望自己的人生轰轰烈烈，认为生活就是需要经过大喜大悲后的刻骨铭心。然而，有的女人欣赏的却是那种散淡悠然的心境，这还不仅仅是因为这样的无欲无求有着一种超乎常人的坦然,一种淡雅温和的松弛,更重要的是,这样的女人才能在纷乱喧嚣的尘世中找到属于自己的空间,而绝不会因为彷徨、迷惑而迷失自己,失去追求。女人需要懂得放弃,因为对于每个女人而言,生活并不会是各种经历的简单堆砌。

女人这一生不可能什么都得到,所以,女人在生活中必须明白:放弃不等于失去。今天的放弃是为了明天的得到。人生路漫漫,不要计较一时的得与失,要知道放弃,如何放弃,放弃些什么。放弃,你就可以轻装前进;放弃,你就可以摆脱烦恼,摆脱纠缠,整个身心沉浸在轻松悠闲的宁静中。另外,放弃还会改善女人的形象,从而使女人更显豁达豪爽。进一步赢得男人的信赖,让自己变得更聪明、更能干、更有内涵。

玛西·卡塞尔是美国电视史上最成功的节目制作人之一。她从1980年开始自行制作节目,次年,汤姆·温勒加入,他们合作无间,创作了《天才老爸》的高收视率,这是美国播出最久的电视连续剧,其他如《焰火下的魅力》《来自太阳系三次云》等,也好评如潮,获得多次大奖。她这样总结她的成功之路:

"我非常热爱电视,早期我就很喜欢《回忆中的妈妈》和《爸爸知道最好的》两个电视节目,进入青春期时,《未烙印的小牛》中那个英俊的男主角,让我特别着迷。

"在大学,我主修英国文学,对写作和表演也有些许天分。21岁大学毕业后,前往纽约闯天下。

"在纽约,我找到一份工作,是在ABC国家广播公司做参观讲解员。这栋大楼是一个野心家的温床,许多人不择手段地想要得到往上爬的机会。很幸运,我几个月后就升任《今夜》节目制作助理，然而，我并不太喜欢这份工作，工作内容大多是做一些办公室的杂务、回影迷的来信之类的。

"我开始转变事业方向，到一家广告代理公司的电视部门工作。我知道自己对广告工作是毫无兴趣的，然而，这却是一个很不错的锻炼机会。我们这组一共有三个人，平日的工作说起来有点像间谍，每天要观察哪个频道的哪个节目收视率最好，然后仔细分析节目的分镜时段、制作素质，向客户提供一份完整的报告，最后建议最佳广告时段，而我提出的建议大都能得到客户的肯定。但是，我始终知道，我的兴趣在制作电视节目。

"在好莱坞，我认识了正要开制作公司的罗吉，他有堆积如山的剧本，需要有人帮忙审核。我决定争取这份工作，答应先免费帮助他看那些剧本，直到他愿意聘请我为止。我成功了。我在这家公司干了好几年，然而我喜欢的事业还是没有半点踪影。直到有一天，我听说ABC美国国家广播公司想要找一些有才气、有创意的人一起组成庞大的制作群，共同经营频道，我立即前往应聘。我坦白地告诉面试主考官伊塞，告诉他我已经有3个月的身孕，如果他觉得应该延长对我的考察，直到小孩出生以后的话，我没有意见。没想到他却说：'我太太和我也有一个婴儿，可是我回到岗位继续工作，你呢，是不是也要和我一样？'最后，他聘用了我。

"我真的欣喜若狂，因为终于可以接触到电视工作的核心。当然，对我来说，这也是一个'如临深渊，如履薄冰'的地方，我虽然有一点小聪明，但是却没有能力处理办公室里的人事斗争，在这里，每个人不是迅速升职，就是被迅速开除。我没有被开除，我在ABC工作7年，离职前，我的头衔是'黄金时段节目制作资深副总经理'。

"我们不断生产十分有趣、充满活力和不同风格的节目，但多年后，那种充满创意的环境在慢慢消失，我觉得是自己离开ABC的时候了，我要自己创办一家电视制作公司。

"我们决定不受外界干扰，在没有制作出一个我们觉得品质不错的节目时，绝不轻易推出上档。我们一共花了三年时间，才推出一个成功的喜剧系列节目——《天才老爸》，一播就播了8年，在1988—1999年，我们还创下了其他制作公司望尘莫及的成绩：同时拥有3个成功的电视节目——《天才老爸》、《罗丝安娜》和《不同的世界》。"

成功之路其实很长，其突出的特点就是不断选择，包括放弃一些令人羡慕的职务，如"ABC"黄金时段节目的制作资深副总经理，最后自己创业这条路危险很大，但有能力的女人，不妨试一下。

生命中的许多经历都会随着岁月之河的冲刷而渐渐淡去，沉淀下来的那些可能曾被你自己认为是平庸的故事却成了永恒。蓦然回首，所有的女人都会发现，有些东西的放弃当初显得是那样难，但现在看来，却又是那样应该和自然，原来，放弃的过程铺就了你呈现成熟美丽的那片宽阔。

没有任何人能够为天下所有的女人决定什么该放弃、什么该留下，决策权在于女人自己。在于自己是不是懂得放弃这一美德。没有无代价的收获，为了未来的与众不同，就要放弃一些东西……

（1）打扫心灵

女人的生命中有太多的积压物和太多想象出来的复杂以及一些扩大化了的悲痛，这些都抑制了生命能量的挥发，弱化了生活的幸福感。

经常使用电脑的人都知道，回收站是需要经常清空的，否则会占用过多的空间，影响计算机的运转速度。人的头脑也是。您不能什么都扔掉，但您也不能什么都留着。聪明的女人是善于取舍的人，是适时取舍的人，更应该明白幸福是需要眼光去辨别，更需要勇气去放弃，有太多心事的女人是走不快的。

而生命的难度也正在于此，女人要不断清扫和放弃一些东西，因为"生命里填塞的东西越少，就越能发挥潜能"，而清扫心灵则是一个挣扎与奋斗的过程。就像川梅的那首《赶路去》所喻示的，人生本来就是一个不断挥手的旅程，少年要告别家乡，伤心人要告别伤心地，雄鹰要告别安逸，快乐要告别悲伤。没有告别，就没有成长，要坚强，就要勇于转身。离别是为了更好地相聚。

（2）知难而退胜过知难而进

知难而退有时比知难而进更重要，也更富有智慧。"如果一开始没成功，再试一次，仍不成功就该放弃；愚蠢的坚持毫无益处。"在正确的时机谢幕，是一切精彩演出的高潮。

结束一件事或一份感情，有时要比开始难许多。有些时候，女人为什么明知道错了，还不去改？不是你的，为什么还不放弃？知错就改，不仅是一个女人有力量、有决心的标志，更是一个女人有希望、有成就的根本。其实生活很简单：东西丢了，实在找不到，就忘了它，去找下一个。摔倒了，爬起来，拍拍灰尘，继续赶路。不能尽快地结束，就不能尽快地开始；不能很好地结束，就不能很好地开始。

知难而退对于女人来说，还意味着不要后悔，因为"后悔是一种耗费精神的情绪"，后悔是比损失更大的损失，比错误更大的错误。心还在梦就在，女人就可以从头再来。从头再来也是一种人生的豪迈。

（3）慢慢老去

每个人都是迟早要告别尘世的，但大多数人并没有感觉到死神的接近；不会想到生命过一天就少一天，每一天人都在向终点迈进。因为死是一个缓慢的过程，这个过程所经历的事情吸引了我们的注意，反而忽略了最终的结果。

一种生活模式或者一个组织也是如此，有时候女人已经看到了它的致命缺陷，看到了它的悲剧结局，但因为它是慢慢死去的，死的过程中还保留着希望和幻想，所以便始终留恋它，为它付出心血，直到最后和它同归于尽。

许多危险都是慢慢来到的。在不知不觉中，女人已经与那些注定要消亡、要被淘汰的事物交织在了一起，女人知道和它在一起没有前途，但自己已经习惯它了，除非亲眼看到它死，否则很难下决心离开它。女人是很容易成为习惯的奴隶的，不分开，有时只是因为习惯了。

但问题是，人做任何事都是有机会成本的，您选择了这个，就要放弃其他，您放弃得越多，您手中的这张牌看起来就越重要，您也就越放不下它。其实许多时候，一件事物的重要性是时间赋予的，而它本身并没有什么。

女人只有在放弃的过程中，才能不断地进步，不断提高自己的修养。女人要爱惜自己，不要失去做女人的魅力。

3. 欲望越小的女人越幸福

有位名人说："欲望越小，人生就越幸福。"这句话，蕴含着深刻的人生哲理。它是针对"欲望越大，人越贪婪，人生越易致祸"而言的。古往今来，难填的欲壑所葬送的贪婪者，多得不计其数，正像《伊索寓言》里所说："有些人因为贪婪，想得到更多的东西，却把现在所有的也失去了。"

其实，我们每一个人所拥有的财物，无论是房子、车子、票子，无论是有形的，还是无形的，没有一样是属于你的，那些东西不过是暂时寄托于你，有的让你暂时使用，有的让你暂时保管而已，到了最后，物归何主，都未可知，所以真正的智者把这些财富统统视为身外之物。

贪婪，是人性的恶习，贪得无厌者，终毁自己。贪往往给人造成精神上无休止的压力，最终导致人的一生空虚度过。

民间流传着一首《十不足诗》：

终日奔忙为了饥，
才得饱食又思衣，
冬穿绫罗夏穿纱，
堂前缺少美貌妻，

娶下三妻并四妾，

又怕无官受人欺，

四品三品嫌官小，

又想面南做皇帝，

一朝登了金銮殿，

却慕神仙下象棋，

洞宾与他把棋下，

又问哪有上天梯，

若非此人大限到，

上到九天还嫌低。

这首诗把那些贪心不足者的贪心发展写得淋漓尽致，也道出了不知足者的悲哀。

那么，欲望究竟是什么呢？根据佛家思想，无论贫与富，人与生俱来都有所谓的"六欲"。

佛家所讲的"六欲"是指眼、耳、鼻、舌、身、意六种官能上追求的欲望。也就是，眼睛想看漂亮的东西；耳朵想听奉承的话、美好的声音；鼻子想闻香的味道；舌头想享受美食；身体想享受舒适的生活；意念上想追求名利、爱欲。这些美好的欲望无一不是我们每个人所喜欢的。

女人似乎天生就是一种物质动物，名牌、高档消费、流行服饰、时尚的一切，都是她们曾经幻想的。对于女人来说，物质就像酒，不仅会醉人，而且还上瘾。于是喝过了一杯便再难罢手。为了这些，她们甚至放弃了自己的身体，用现在一句比较时髦的词语就是成了"衣奴"。因此，朱德庸的漫画中曾经这样说：

女人，就是衣服够了，衣柜却不够；等到柜子够了，衣服又不够了。

如果人一出世就向往身体上的享受，追求物欲上的满足，就会促使身体去做很多对身体有损伤的事情。物欲是不断膨胀的，而且物质的多少并不能决定快乐，有时越追求物质，反而离快乐越远。在大型商场或购物中心，时常见到女人尤其是漂亮女人刷卡时总是一副得意的模样，但她往往没有注意到身后的那位男士——男友或丈夫——苦不堪言的表情。因而，一些学者们也将女人逛商场列为了男人仅次于破产和衰老最害怕的几件事情之一。

欲望过多，大过了身体所承受的范围，是和自然规律极不符合的，而违背自然规律必然会导致过早地走向衰亡，身体过早地呈现出衰败的征兆。

有钱的企业家和有威望的知识分子英年早逝的不少，像陈逸飞、王均瑶等都是在事业如日中天时过早离开了人世。这些事业已经步入成功的著名人士过早离开人间是令人惋惜的。按理说，这些人在完成了个人经济基础的建设，或者说在完成了原始积累后，此时此刻正是他们有一番更大作为和成就的时期，应该有更多生存的智慧，更懂得如何享受生命、享受自我了。然而，他们的悲哀在于，事业的成功不是给了他们走向幸福或拥有幸福的机会和条件，而是对自己的榨取。因为他们为了事业却远离了人生、生命和自我。

人的一生之中，总会有这样那样的不如意，总会有这样那样的缺憾。但是即使事事如意又能怎样？也许是极度的无聊。况且人生永远不会事事如意，被贪婪本性支配着的人永远追求他们没有的东西，而对于已经到手的也就不屑一顾了。因为这个原因，很多人好像在追求，其实换一个角度看看，你会惊奇地发现，他他的追求目标不过是海市蜃楼而已。

对于多数人来说，能够做到怀着一颗平常而善良的心，淡泊名利，对他人宽容，对生活不挑剔、不苛求、不怨恨。寒不改绿叶，暖不争花红，富不行无义，贫不起贪心，这何尝不是一种练达的"往回跑"呢？

有所不为才能有所为，换句话说，能知足才可知不足。诸如，在物质匮乏的年代，我们会满足于一日三餐的粗茶淡饭，但我们也深深地知道，人类对于粮食的需求远远不止这些，只要条件允许，我们就会要酒要肉，吃完了还想跳个舞，向更高层次迈进。

同样，现在小日子过得好起来的人们是多起来了。但不幸的是，与此同时慢性病的发病率却越来越高了，像高血压、高血脂、脂肪肝、糖尿病等逐渐趋向于低龄化！据统计，在经济条件已经好起来了的所谓的"白领"中，亚健康人几乎占其人群中的大多数。这表明，经济繁荣了，而人并没有进步或聪明多少。

为什么会有这么多的人得慢性病和亚健康呢？显然，这是一种较为普遍的漠视生命和作践自己的结果。由此可知，多数的中国人对饮食、对日常起居、对生理活动、对精神调节还有极大的知识盲区和理解死角，对人、对人生还有很深的误解。

在吃的方面，吃得清淡身体是欢喜的，一碗白粥，一盘青菜，身体是可以舒服欢快的。如果肉吃得太多或菜的味道太重，身体就会觉得沉重。再加上现代生活的不良生活习惯和精神压力，身体难免要出问题。现代人喜欢厚味，多是心理的问题，心里的欲望太多了，欲望都发泄在嘴巴上，却忘了身体真正喜欢的是"清淡"。身体不清淡，沉重不安，心情也就厌烦不安。

减少欲望就会赢得在任何环境下都不易改变的坦然与安宁，无限膨胀自己的欲望，就使得我们的眼睛看外界太多，看心灵太少。然而，能冷静下来考虑这个问题的人不多，心情不平静，浮躁不安，身体何能健康？

生活是自己的，生命也只有一次，减少欲望，善于舍弃，才是一种大智慧。

4. 换一种思路对待财富

亚里士多德曾经说过："很明显财富并不是我们所追求的，因为财富是因为其他追求而变得有价值。"财富在当今社会处于主导地位，不管是个人生活的改善、自我价值的体现，还是社会效益的达成，都以财富的增长作为衡量标准。财富不仅创造着人们的物质生活，也悄然改变着人们的精神世界。

拥有更多的财富，是今日许许多多人的奋斗目标。财富的多寡也成为衡量一个人才干和价值的尺度。当一个人被列入世界财富排行榜时，会引起多少人的艳羡。但对于个人来说，过多的财富是没有多少用的，除非你是为了社会在创造财富，并把多余的财富贡献给了社会。但丁说："拥有便是损失。"财富的拥有超过了个人所需的限度，那么拥有越多，损失就越多。让我们看一看米勒德·富勒的故事，就会明白财富越多，并不代表得到的越多。

同许多人一样，富勒一直在为一个梦想奋斗，那就是从零开始，而后积累大量的财富和资产。到30岁时，富勒已挣到了百万美元，他雄心勃勃想成为千万富翁，而且他也有这个本事。他拥有一幢豪宅、一间湖上小木屋、2000英亩地产，以及快艇和豪华汽车。

但当他拥有这一切的时候，问题也来了：他工作得很辛苦，常感到胸痛，而且他也疏远了妻子和两个孩子。他的财富在不断增加，他的健康和家庭却岌岌可危。

一天，富勒在办公室突发心脏病，而他的妻子在这之前刚刚宣布打算离开他。他开始意识到自己对财富的追求已经耗尽了所有他真正珍惜的东西。他打电话给妻子，要求见一面。当他们见面时，两人都泪流满面，他们决定消除掉破坏他们生活的东西——他的生意和物质财富。

他们卖掉了所有的东西，包括公司、房子、游艇，然后把所得捐给了教堂、学校和慈善机构。他的朋友都认为他疯了，但富勒觉得此时的自己是最清醒的。

接下来，他们夫妻二人开始投身于一项伟大的事业——为美国和世界其他地方的无家可归的贫民修建"人类家园"。他们的想法非常单纯："每个在晚上困乏的人，至少应该有一个简单体面并且能支付得起的地方用来休息。"美国前总统卡特夫妇也热情地支持他们，穿工装裤来为"人类家园"劳动。富勒曾经的目标是拥有1000万美元家产，而现在，他的目标是为1000万人，甚至为更多人建设家园。目前，"人类家园"已在全世界建造了6万多套房子，为30多万人提供了住房。富勒曾为财富所困，几乎成为财富的奴隶，他的健康和妻子差点儿被财富夺走。而现在，他是财富的主人，他和妻子自愿放弃了自己的财产，而去为人类的幸福工作。他自认是世界上最富有的人。

当然，这个例子并不是说拥有财富就不快乐，散尽财富才快乐。而是说我们对待财富的态度应该是"不要追求显赫的财富，而应追求你可以合法获得的财富，清醒地使用财富，愉快地施与财富，心怀满足地离开财富"。这就是培根的建议，这是大师指给我们的对待财富的建议。智者会巧妙地利用财富获得快乐，愚者最终也未必真的得到财富。

现在不少人急于发大财，结果不是被骗就是去搞歪门邪道，甚至不惜铤而走险，以身试法，比如制假贩假、盗版走私、做毒品生意，甚至杀人越货。他们完全成了金钱的奴隶，财富对于他们如同绞索，他们越是贪求，绞索就勒得越紧。一个贪官说，他每当听到街上警车鸣笛，就生怕是来抓他的，惶惶不可终日。这样的不义之财再多，又有什么"乐趣"呢？

当然，我们并不是一概排斥财富，并不是说追求财富就是错的。我们厌恶和蔑视的是对个人财富的过分贪求，以不正当手段聚敛财富。我们所追求的并不是贪婪的掠夺品，而是一种行善的工具，是在追求财富过程中得到的快乐和满足。这才是我们对待财富应该持有的态度。如果我们不惜使用各种手段获得财富，那最终也会成为财富的奴隶，永远都不会满足，永远都不会获得快乐。

当你认为拥有许多的财富时，其实财富本身就只剩下一个数字。换一种思路对待财富，这就是与其守着这个数字，还不如让这个数字发挥更大的作用。也就是让财富创造更大的价值，为人类做出更大的贡献，你则会从中获得更多的快乐。

5. 虚荣，死要面子活受罪

虚荣心是以不恰当的虚假方式保护自己自尊心的一种心理状态。从心理学角度说，这就是扭曲了人的自尊心，它属于人的性格方面的情感特征，同其他情绪的发生一样，虚荣心也取决于人的需要。人的需要是有层次的，但也因个人的性格、气质、理想或目标的不同而显示出差别来。一般而言，虚荣心是与人的自尊心相联系的，虚荣心强的人自尊心也强，要求自己在群体中有较为显耀的位置。越是虚荣心强的人越是需要别人赞美，因为赞美能给他们带来渴望的荣誉和自尊心的满足。一旦他的虚荣心得不到满足，在心理上会处于一种失落、匮乏和紧张的状态，容易造成对他人的对立，引发攻击性和过激性的行为。

虚荣心人人都有，但总体来说，女性的虚荣心比男性强，因为女性比男性的自尊心更强。女人喜欢别人说她年轻、漂亮，尽管她已过不惑之年；女人还热衷于炫耀自己的社会地位以及自己多么富有；女人总是用脂粉之类的东西企图填平岁月留在脸上的沟壑。她们对时尚杂志刊登的化妆品广告趋之若鹜，用钱来包装自己的门面。但这一切总是不能如愿或不尽如人意。女人追求"唯美"的心态是无可指责的。完美的虚荣是造物主赐予她们的礼物，她们可以用这礼物保护自己，但也可以毁灭自己。

《中国式离婚》就是个典型的例子，剧中的女主角林小枫不甘于过平淡的生活，常常鼓励丈夫去外资医院就职，可是当丈夫真的在外资医院当上副院长春风得意、满足了她的虚荣心时，她又开始起疑心，整日疑神疑鬼，唯恐丈夫在外招蜂引蝶。为此，她从一位优秀的小学老师变成了专职家庭主妇，闲暇时间多了下来，她更是把自己的大部分时间用在琢磨自己的丈夫上面，翻手机、掏口袋，挨个儿拨打丈夫手机上的号码，非要揪出一个莫须有的她心中想当然的第三者。于是夫妻间开始了争吵，气病了父母，伤及了孩子，两个人的关系也渐渐开始恶化。最后，以两个人离婚为结局，林小枫也从此结束了曾经幸福美满的10年婚姻生活。

众所周知，在现实生活中这种虚荣心没有任何实际意义，只会助长一股虚伪的风气，就像假面具舞会，每个人都不以真面目示人。我们不妨想一想，如果每个人都戴着虚荣的面具生活，那么我们又到哪里去找真实呢？保持自我的真性，不陷于贪欲和相争，这或许不合时宜，但是，应该说这是舍弃虚荣心之人的明智之举。

一般来说，女人可以从以下几方面克服虚荣心：

第一，树立正确的人生观。一个女人的价值如何，不在于她的自我感觉，而在于她行为的社会意义。女人只要树立正确的人生观，具有远大的人生目标，就不会为一般的荣誉、地位和一时的虚荣所缠绕，而是为更高的价值努力奉献。

第二，正确对待荣誉。每个女人都需要成就、威望、名誉、地位和自尊，但这一切都应当与一个女人的真实努力相符。例如，一个女人想要取得工作业绩，就必须通过自己的努力和认真工作，否则用欺骗手段赢得的"荣誉"是虚假的、不光彩的，这样不仅得不到别人的尊重，还会受到他人的蔑视和否定。

第三，正确对待舆论。女人生活在社会这个大群体之中，总免不了要接受别人的品头论足。但对于舆论，女人要提高辨别是非的能力，正确的应当接受，对于不正确的要给予纠正或分析判断，绝不可凡事人云亦云，被舆论左右。

第四，要有自知之明。女人不仅要看到自己的长处和成绩，也要看到自己的短处和不足。只有对自己采取实事求是的态度，才能避免过高地估计自己，从而克服虚荣心理。